ALL YOU NEED TO KNOW ABOUT

EXTRA VIRGIN OLIVE OIL

エキストラバージン・オリーブオイルの講義

山田美知世　オリーブオイル鑑定士（イタリア農林食糧政策省国家資格）
世界最重要オリーブオイル・コンペティション国際審査員

KULA SCIP

エキストラバージン・オリーブオイルの講義

はじめに

日本では馴染みがないかもしれませんが、私はオリーブオイル鑑定士として活動しています。イタリアにて日本人初のオリーブオイル鑑定士資格を取得し、現在では世界各国で開催される最も重要なオリーブオイルコンペティションにおいて、日本人唯一の国際審査員を務めています。また、各国のオリーブオイル生産者への指導など、幅広くオリーブオイルに関わる仕事をしています。

私がオリーブオイル鑑定士の資格を取得した二〇年ほど前、日本の店頭にはオリーブオイルの種類が一、二種類ほどしかありませんでした。今ではスーパーの棚いっぱいに様々な国の多種多様なオリーブオイルが並ぶようになりました。

日本人にとってこのように身近な存在となったオリーブオイルですが、その本当の魅力はまだ広く伝わっておらず、多くの誤解も存在しているように感じます。

だからこそ、エキストラバージン・オリーブオイルの魅力と可能性をもっと日本でも広めたい……。そう思い、この本を出版することを友人の鑑定士に話しました。すると彼は、こんなことを言ってくれました。

「実際のところ、日本に限らず、イタリアでもエキストラバージン・オリーブオイルについては多くの誤解があります。『オリーブオイルとエキストラバージン・オリーブオイルの違いは？』と尋ねても、正確に答えられる人は案外少ない。でも、一度でも真のエキストラバージン・オリーブオイルを知れば、その魅力に心を奪われる。すると今度は、その感動を誰かに伝えたくなるのです。友人に、そして家族に……。自然と話したくなるほど、エキストラバージン・オリーブオイルは奥深いものだから。だからこそ、日本でエキストラバージン・オリーブオイルを探求しようとする姿勢には、大きな希望を感じます。この本が出版されて、オリーブオイルの真実を知る人が増えれば、その波紋は日本だけに留まらず、きっと世界中に広がっていくでしょう」。

この本では、エキストラバージン・オリーブオイルにまつわるあらゆる側面を紐解きます。エキストラバージン・オリーブオイルがどのように作られ、どのように楽しんだらよいか、健康への効果や選び方のアドバイス、さらには世界各地の特徴的な品種や生産地についても掘り下げます。

オリーブオイルは、古代から現代に至るまで人々の食卓を彩り、健康を支え、そして文化を育んできた黄金のしずくです。その香りや味わいは、地中海沿岸の豊かな自然と何世代にもわたる人々の努力が織りなす芸術とも言えるでしょう。ボトルに詰められたその一滴一滴には、太陽の恵み、風土の力、そして生産者達の情熱が凝縮されています。オリーブオイルの世界は料理の範囲を超え、健康、美容、さらには文化や環境にまで広がります。

本書を手に取った皆さんが、エキストラバージン・オリーブオイルという驚くべき食材に対する新たな視点を得ることが出来るように願っています。

さあ、一滴のオイルから広がるオリーブオイルの奥深い世界を楽しんで下さい。

CONTENTS

part 1
エキストラバージン・オリーブオイルとは

第1章

エキストラバージン・オリーブオイルの定義と特性

エキストラバージン・オリーブオイルの定義

皆さんは「エキストラバージン・オリーブオイル」と聞いてどんなことを想像しますか？　健康によい、香りがよい、抗酸化成分、ポリフェノールが豊富、美味しい……。など様々なイメージが浮かぶと思います。

ただ、改めてどういったものがエキストラバージン・オリーブオイルであり、どのような特徴があるのか。また、「エキストラバージン・オリーブオイル」と「オリーブオイル」の違いは何かと聞かれると、意外と知らなかったことに気づく方も多いかもしれません。

オリーブオイルは「オリーブオイル」という大きなカテゴリーの中で、その製造方法と品質によっていくつものグレードに分類されています。エキストラバージン・オリーブオイルというのは、その中のグレードの一つの名称です。

このオリーブオイルの分類は国際品質規格で定められています。オリーブオイルの分類の特徴は、世界の主要な生産国が取り入れている国際的な規格であることに加え、分類の規格が製法やオイルの成分などの化学分析値だけでなく、香り、辛み、苦みといったオリーブオイル特有の官能的な特性の値まで厳格に定められていることです。

エキストラバージン・オリーブオイルは、オリーブオイルの中で最も厳しい基準を満たした最高のオイルです。香り、辛み、苦み、栄養素といったオリーブの優れた特性を持ち、一切の欠陥〈ディフェクト〉がない完璧なオイルです。

このオリーブオイルの国際品質規格は、ＩＯＣ〈International Olive Council／国際オリーブ協会〉によって策定されました。ＩＯＣは一九五九年、国連の後援のもとに設立されたオリーブオイルとテーブルオリーブの分野における世界で唯一の国際政府間組織です。

現在、世界のオリーブ生産量の九四％を占める生産国がＩＯＣに加盟し、ＩＯＣの規格を自国の法律や規制に取り入れています。ＥＵ加盟国もＥＵ法を通じてＩＯＣの規格を遵守しています。

ＩＯＣの加盟国では、「エキストラバージン」という名称をオリーブオイルに記載する場合、法に則った品質評価にて、そのクオリティが基準を満たしていることを証明出来なければなりません。もし加盟国の公式検査機関によって基準を満たしていないオイルであることが判明した場合は罰則の対象となります。これによりオリーブオイルは、国際的に標準化された公正で透明な取引が守られているのです。

オリーブオイルの分類、基準というと、漠然としたものというイメージがあるかもしれません。しかし実際は厳格な定義と基準に基づく科学的なものです。そこに曖昧さは一切なく、白か黒か非常にはっきりとした世界です。エキストラバージン・オリーブオイルであるかどうか、そしてその特徴は主観的、感覚的なものではなく、客観的に明確に説明出来るものです。冒頭の香りがよい、抗酸化成分、ポリフェノールが豊富、美味しいといった特徴は全て、ＩＯＣの規格で分類されたエキストラバージン・オリーブオイルだけが有する特性です。

この章ではまずエキストラバージン・オリーブオイルとは何か、その定義から解説します。オリーブオイルの特徴である定義がわかることでエキストラバージン・オリーブオイルの特性、他の植物油との違いをよく理解してもらえると思うからです。

オリーブオイルの特性〈他の植物油との違い〉

エキストラバージン・オリーブオイルは「オリーブオイル」という大きなカテゴリーの一つのグレード名ですので、その母体となるオリーブオイルから説明します。

オリーブオイルの最大の特徴は、オリーブの実から機械的または物理的な方法のみでオイルを取り出すということです。

オリーブオイルも含め、植物に含まれるオイル成分は、細胞膜に包まれて小さな油滴として種子や果実などに存在しています。この油滴を細胞膜から抽出するのが搾油で、基本的に二つの方法があります。

一つは原料に物理的な圧力をかけることでオイルを取る圧搾法、もう一つが溶剤で流出させる溶剤抽出法です。そしてもう一つ、この二つの方法の組み合わせ、最初に圧搾法を行い、その後溶剤抽出法を行う方法もあります。これらは原料や目的によって使い分けられています。

市場には様々な植物油がありますが、一般的に流通する植物油の多くは溶剤抽出法[*1]によって搾油されています。例えば、菜種油やひまわり油などがそうです。

これは溶剤抽出法の方が圧搾法に比べて、搾油後に原料に残るオイルの量が少なく、効率よくオイルを得ることが出来るからです。

一方、オリーブオイルはオリーブの実を圧搾法で搾油します。溶剤抽出法に比べて原料に対して得られる油の量は少なくなりますが、溶剤抽出法のように脱溶剤や精製工程の必要がありません。

溶剤抽出法では主に原料に溶剤を加え、原料の油分を溶剤に溶かすことでオイルを抽出しますが、この時に抽出される液体〈ミセラ〉には油分と溶剤が混ざっています。この溶剤は取り除かなくてはいけないため、高温で蒸留させることで取り除きます〈脱溶剤〉。この工程で原料が持つ香りや微量成分も共に失ってしまいます。しかし、圧搾法だとオリーブの実が持つ芳香成分やポリフェノールなど微量成分を残したままオイルにすることが出来ます。

オリーブオイルは古代からオリーブの実に物理的な圧力をかけて搾るだけの圧搾法で作られてきました。それが可能だったのは、他の一般的な植物油、例えば菜種油、ごま油[*2]、ひまわり油などのオイル成分は硬い殻に覆われた種子に、米油やとうもろこし油は胚芽に含まれているのに対し、オリーブオイルは柔らかな実の部分にオイル成分が集中しているからです。柔らかな実からオイル成分を抽出すればよいため、容易に搾油することが出来たのです。

何より実は種子より多くの芳香成分や栄養成分があります。オリーブオイルの最大の魅力である個性あふれる豊かな香りが生み出されるのも、この搾油方法によるものです。

オリーブオイルではこのような搾油方法がＩＯＣの規格で厳しく定められています。ＩＯＣではオリーブオイルに対してオリーブの木の果実から機械的またはその他の物理的手段によって搾油することとし、溶剤抽出や再エステル交換[*3]などの手法を使うこと一切禁じています。

オリーブオイルの分類

次にオリーブオイルがどのように分類されているかについて解説します。

オリーブオイルはＩＯＣの規格により細かく分類されています。それはなぜでしょうか。

先ほど説明した、オリーブオイルがオリーブの実を物理的に搾ったオイルであることが大きく関わっています。この分類でまず重要なのが、バージン・オリーブオイルと言われるカテゴリーです。

ＩＯＣではバージン・オリーブオイルを
「オリーブの木の果実から、機械的またはその他の物理的手段のみによって得られたオイルで、オイルを変性させない条件下〈特に温度条件〉で、洗浄、デカンテーション、遠心分離、濾過以外のいかなる処理を受けていないもの」

と定義しています。

つまりこのバージン・オリーブオイルはオリーブの実を搾っただけの、言うなれば生搾りオリーブジュースです。バージン・オリーブオイルにはオリーブの実が持つ植物の自然な香りや辛み、苦みといった特徴や栄養成分が失われることなくそのまま残っています。

但し、それゆえバージン・オリーブオイルの品質は原料のオリーブの実の状態に大きく依存します。生搾りフルーツジュースが原料のフルーツの状態によって品質が影響されるのと同じです。健康なオリーブの実からはクオリティの高いオイルが作られますが、健康ではないオリーブの実から作られたオイルはクオリティが低くなってしまいます。

ＩＯＣではこのバージンオイルをクオリティによって四つのグレードに分類しています。バージン・オリーブオイルのうち、最もクオリティの高いものが「エキストラバージン」。次が「バージン〈狭義〉」、その次が「オーディナリー」、そして最もクオリティが低いのが「ランパンテ」です。

ここでお断りしておきたいのですが、ＩＯＣの分類は同じ名称が複数回使われているためわかりにくい点があります。

例えば、オリーブオイルには二つの定義があります。一つは、オリーブオイルのカテゴリー全体を指す総称としての「オリーブオイル〈広義〉」と一つの商品カテゴリー名称を指す「オリーブオイル〈狭義〉」です。同様にカテゴリー全体の総称としての「バージン・オリーブオイル〈広義〉」と一つの商品カテゴリー名称を指す「バージン・オリーブオイル〈狭義〉」があります。

本書では、狭義のカテゴリー名称の場合のみ、オリーブオイル〈狭義〉、バージン・オイル〈狭義〉とし、オリーブオイル〈広義〉、バージン・オイル〈広義〉は、オリーブオイル、バージン・オイルとします。

一九ページにＩＯＣのオリーブオイルの分類の一覧表を紹介します。

エキストラバージン・オリーブオイル

エキストラバージン・オリーブオイルはバージン・オリーブオイルの中で最も厳しい基準に合格した一切ディフェクトがない完璧なオイルです。ディフェクトとは、本来、健康なオリーブの実にはない欠陥、主にオイルの品質に影響を与える酸化臭や腐敗臭など不快な臭いのことです。

ＩＯＣではエキストラバージン・オリーブオイルを

「遊離脂肪酸がオレイン酸換算〈酸度〉で一〇〇グラム中〇・八グラム以下で、官能評価におけるディフェクトの中央値が〇・〇、フルーティー〈香り〉の中央値が〇・〇を超えるもの」

と定義しています。

ただ、オリーブオイルの分類表にもあるように、「エキストラバージン」と「バージン〈狭義〉」の基準値の差はわずかです。特にディフェクトの基準値は、数値的にはゼロかゼロを少し超えるかのわずかな差です。しかし、このディフェクトが一切ない「エキストラバージン」と、わずかでもディフェクトがある「バージン〈狭義〉」の差、ディフェクトがゼロか、ゼロではないかの差はとても大きいものです。

実際、私はイタリアで子供達にオリーブオイルの講座をすることがありますが、ディ

IOCのオリーブオイルの分類表

オリーブオイル〈広義〉

バージン・オリーブオイル〈広義〉

オリーブの木の果実から、機械的またはその他の物理的手段のみによって得られたオイルで、オイルを変性させない条件下〈特に温度条件〉で、洗浄、デカンテーション、遠心分離、濾過以外のいかなる処理を受けていないもの。

エキストラバージン・オリーブオイル

遊離脂肪酸がオレイン酸換算（酸度）で100g中0.8g以下で、官能評価におけるディフェクトの中央値が0.0、フルーティー（香り）の中央値が0.0を超えるもの。

バージン・オリーブオイル〈狭義〉

遊離脂肪酸がオレイン酸換算（酸度）で100g中2,0g以下かつ、官能評価におけるディフェクトの中央値が0.0を超え3.5以下で、フルーティー（香り）の中央値が0.0を超えるもの。

オーディナリー・オリーブオイル

遊離脂肪酸がオレイン酸換算（酸度）で100g中3,3g以下かつ、官能評価におけるディフェクトの中央値が3.5を超え6.0以下、またはディフェクトの中央値が3.5を超えず、フルーティー（香り）の中央値が0.0のもの。

ランパンテ・オリーブオイル

遊離脂肪酸がオレイン酸換算（酸度）で100g中3,3gを超え、かつ（または）官能評価におけるディフェクトの中央値が6.0を超えるもの。通常、精製されるか工業用途に用いられ、食用には適さないオイル。

精製オリーブオイル

バージン・オリーブオイルからグリセリド構造の変化につながらない精製法によって得られたオイル。遊離脂肪酸がオレイン酸換算（酸度）で100g中0.3g以下。

オリーブオイル〈狭義〉

精製オリーブオイルにバージン・オリーブオイルをブレンドしたオイル。遊離脂肪酸がオレイン酸換算（酸度）で100g中1.0以下。

フェクトがないオイル〈エキストラバージン・オリーブオイル〉と、ディフェクトがあるオイル〈エキストラバージン・オリーブオイルではないオイル〉を比較し、どちらにディフェクトがあるかを当ててもらうテストをすると、全員が正解します。

わずかでもディフェクトの臭いがするオイルは、それが何の臭いなのか、ディフェクトの種類を特定することは難しいとしても、ディフェクトがあるかないかは誰でもわかるものなのです。それだけ人間の嗅覚は優れているのです。

ただ、エキストラバージン・オリーブオイルを知らずにディフェクトのあるオイルだけを使っていると、自分が嗅いでいる臭いがディフェクトの臭いだと知らない方も多くいます。セミナーでもディフェクトのあるオイルを嗅いでもらうと「よく馴染んだ香りだ」「家でいつも使っているオイルの香りだ」と言われることが多々あります。その場合、次にエキストラバージン・オリーブオイルを試してもらうと、その違いにびっくりされます。そして一度でも真のエキストラバージン・オリーブオイルの香りを知ると、次からはディフェクトの臭いが誰でもわかるようになります。それほどディフェクトがあるかないかの差は大きなものなのです。

料理でも、ディフェクトのあるオイルを使うと折角の料理が不快な臭いで台無しになる場合がありますが、エキストラバージン・オリーブオイルを使うと、その芳醇な香りと豊かな風味が料理全体に広がり、格別の美味しさを引き出します。さらに素材本来の味わいも一層引き立ちます。

オリーブオイル〈狭義〉

次にオリーブオイル〈狭義〉について解説します。

バージン・オリーブオイルのうち、「エキストラバージン」「バージン〈狭義〉」「オーディナリー」までは、そのまま食用として販売することが出来ますが、最もクオリティの低い「ランパンテ」はそのままでは食用として販売することが出来ません。工業用として使用するか、もしくは精製処理を行うことで初めて食用として販売出来るようになります。

因みに「ランパンテ lampante」はラテン語の「灯り lampas」に由来し、イタリア語やスペイン語で「灯り用の」という意味があります。歴史的にランパンテオイルはクオリティが低いため、食用ではなく主にランプの燃料として使用されていました。

そして、このランパンテを精製処理し無味無臭にしたものが「精製オリーブオイル」です。脱酸、脱色、脱臭といった精製処理によって悪い成分も有益な成分も全て取り除かれます。オリーブオイルの特徴である香りも栄養素も失い無味無臭のオイルとなります。

この無味無臭の「精製オリーブオイル」もそのままでは販売出来ません。[*4] 精製オリーブオイルに、少量のバージン・オリーブオイルまたはエキストラバージン・オリーブオイルを混ぜ、香りと風味づけをすることで「オリーブオイル〈狭義〉」となり食用として販売することが出来ます。[*5]

つまりエキストラバージン・オリーブオイルとオリーブオイル〈狭義〉は、香りや栄養素という品質も、製造過程も全く違うオイルなのです。

最後に、オリーブオイルとは明確に区別されているオリーブポマースと呼ばれるオイルについても簡単に説明します。オリーブポマースはオリーブオイルではありません。オリーブポマースオイルはオリーブオイルを搾油した後の搾油粕から溶剤抽出によって搾油されたオイルです。ＩＯＣでは「オリーブオイル」と表記することを禁止し、オリーブオイルと明確に区別しています。日本では「オリーブ搾りかすオイル」と表記されています。

そしてＩＯＣでは、オリーブオイル〈広義〉を

「オリーブの木の果実から得られたものであり、溶剤抽出や再エステル交換などの手法

を使うことも、他の油と混合することも許されない」と定義し、オリーブポマースオイルを明確に分けています。

オリーブオイルの分類方法

次にオリーブオイルの分類方法を説明します。

バージン・オリーブオイルのグレード分けは人間の嗅覚と味覚を用いた官能評価と分析機器を用いた化学分析によって行います。一方、精製オリーブオイル、オリーブオイル〈狭義〉は基本的に化学分析だけで行います。

官能評価とディフェクト

完璧なオリーブオイルであるエキストラバージン・オリーブオイルには、一切ディフェクトがあってはいけません。逆にエキストラバージン・オリーブオイル以外のオイルは、何らかのディフェクトがあることになります。ディフェクトの有無と種類の特定は官能評価で行います。

官能評価では主に、香り、辛み、苦み、そしてそのバランス〈調和〉を見ています。

官能評価の詳細は第六章の「オリーブオイル鑑定士と官能評価」の章で説明しますので、ここではエキストラバージン・オリーブオイルであるかどうかを見極める重要な評価項目であるディフェクトについて説明します。

官能評価で見ているディフェクトには二つあります。

一つは先ほど説明した本来オリーブの実にはあってはならない不快な臭いがあるディフェクトと、本来あるべきオリーブの香りがないディフェクトです。

「香りがないオリーブオイルの方がクオリティが高い」という言葉を耳にすることがありますが、間違いです。オレンジを搾った生搾りジュースにオレンジの香りと味があるように、オリーブオイルもオリーブの香りがしなければおかしいのです。

このような不快な臭いであるディフェクトは健康なオリーブの実にはありません。つまり、不快なディフェクトが一切ないエキストラバージン・オリーブオイルは、健康なオリーブの実がそのままオイルになっている、まさにオリーブジュースということであり、エキストラバージン・オリーブオイルの特性である香りなどをしっかりと感じられるということでもあります。

エキストラバージン・オリーブオイルかどうかの判断においても、香りはとても重要視されています。その理由はオリーブの植物の自然な香りがエキストラバージン・オリーブオイルの重要な特性だからですが、それと共に人間にとっても香りが重要な要素だからです。

人間は哺乳類として、生き延びるために必要な視覚、聴覚、嗅覚、触覚などが発達しました。遠くから襲ってくる獣に対して聴覚が発達し、遠くの獲物や餌を探すために視覚が発達し、熱い思い、冷たい思い、またはケガをしないように、触覚も発達しました。文明の発達とともにこのような能力は衰えましたが、危険を予知するための嗅覚は未だ残っているのです。

また、人の機能は加齢によって失われていきますが、嗅覚は年齢に関わらず鍛えることが可能です。香りは記憶と結びついていて、過去に経験した香りを記憶の引き出しから呼び出して連結させる作業だからです。有名な香水の調香師がある程度の年齢になっているのはこのためでしょう。

香りはオリーブオイルらしさであり、香りがなければオリーブオイルではないのです。そのため、現代でも搾油方法から官能特性まで定義することで厳格に守っているのです。しかもこの香りは抗酸化成分と密接な関係があります。基本的に香りのよいオイルには抗酸化成分も多く含まれています。そういった意味でも、エキストラバージン・オリーブオイルや官能評価において香りが重視されるのだと思います。

化学分析と酸度

ＥＵ法では「加盟国は、自国の領土内で販売されるオリーブオイル一〇〇〇トンにつき、少なくとも年間一回の適合性検査を実施するものとする」と定めています。すなわち、加盟国は販売するオリーブオイルの品質を定期的に検査する義務があるのです。この適合性検査の中には酸度や過酸化物価、トランス脂肪酸、そして、官能特性などが定められています。

化学分析の中で特に重要なのは、酸度、紫外線吸収値、脂肪酸エチルエステル含量の三つです。オリーブオイルのグレードを分類する際の重要な基準の一つである酸度について少し詳しく説明します。

オリーブオイルなど脂質の主成分は、グリセロール〈グリセリン〉というアルコールの仲間である物質に、脂肪酸が三つ結合したものです。このグリセリンとの結合が切れ、遊離した脂肪酸が遊離脂肪酸です。酸度は、オリーブオイル中に含まれる遊離脂肪酸の総量をオレイン酸に重量換算したものです。遊離脂肪酸は空気中の酸素と結合しやすいため、含量が多いほどオリーブオイルの品質が劣化しやすくなります。よくこの酸度は酸化と誤解さすが、酸度とは酸化の度合いではなく、遊離脂肪酸の数値のことを言います。酸度が高いことは「酸化しやすい」ことを示すものであり、「酸化している」ことを表すものではありません。

酸度は、熟成度が低く健康で新鮮な傷のない実を搾ったオイルでは値が低くなります。そのため、酸度の数値は、オリーブオイルの品質を示す重要な指標となっています。実際、エキストラバージン・オリーブオイルは、酸度が一〇〇グラム中〇・八グラム以下とされています。この値は通常、口中では感じることの出来ない非常にデリケートなものです。

オリーブオイル関係者の中には、酸度が一〇〇グラム中〇・八グラム以下という基準はあまり厳しくないという意見もありますが、個人的にはそれほど問題はないと考えています。なぜなら評価は官能評価と化学分析の両方で行われ、特にディフェクトや香り、辛み、苦み、そしてそのバランス〈調和〉などのエキストラバージン・オリーブオイルの特性の分析では官能評価の方が重要だからです。また、中には評価は化学分析だけでよい、官能評価は必要ないといった意見を言う方もいますが、実際、エキストラバージン・オリーブオイルの評価では、化学分析では合格しても官能評価は不合格になることがあります。一方、官能評価でエキストラバージン・オリーブオイルと認証されたものが化学分析で不合格になった事例は今まで聞いたことがありません。官能評価が不可欠な所以です。

ここで、オリーブオイルの品質と安全性についても触れたいと思います。

バージン・オリーブオイルは、ある意味でオリーブの実を搾ったままの未精製のオイルなので、その安全性を守ることはとても重要です。オリーブオイルでは安全性を守るために、他の油などが混じっていないかどうかを測る純粋性の評価〈Purity Criteria〉といった大きな項目があります。これは先ほどまで説明した官能評価や化学分析による遊離脂肪酸含量や紫外線吸収値などオリーブオイルの品質の良し悪しを測る品質評価〈Quality Criteria〉とは別に、脂肪酸組成やトランス脂肪酸含量などを測定することで、他の油などが混ざっていないかどうかを厳しく調べます。

それ以外にも、食品添加物の使用基準や重金属の残留農薬、ハロゲン系溶剤といった汚染物質を調べる項目があり、エキストラバージン・オリーブオイルは、当然添加物の使用は一切認められていません。そういった基準を厳しくすることで安全性を守っているのです。

日本におけるオリーブオイルの定義と分類

ここまでＩＯＣの規格、そしてＩＯＣの規格に基づく国際標準規格について説明してきましたが、最後に日本のオリーブオイルの分類基準について触れたいと思います。日本はオリーブオイルの分類基準は、これまで述べてきたＩＯＣの規格とは異なります。

日本はＩＯＣに加盟していません。オリーブオイルに関しては、その取得〈認証〉が任意である日本農林規格〈ＪＡＳ規格〉の中の食用植物油脂の規格の中に食用オリーブ油が存在し「オリーブの果肉から採取した油であって、食用に適するよう処理したもの」と定義されています。

食用オリーブ油の規格は「オリーブ油」「精製オリーブ油」の二つの区分しかなく、オリーブ油は、「オリーブ特有の香味を有し、おおむね清澄であること」、精製オリーブ油は「おおむね清澄で、香味良好であること」と定義されています。ＩＯＣの規格と比較すると、非常にざっくりとした規格となっています。

何より、ＪＡＳ規格には「エキストラバージン」いう基準、グレードの概念がありません。このため日本ではＩＯＣの規格を満たした「エキストラバージン・オリーブオイル」と、ＩＯＣ規格を満たしていないオイルを一括表示内〈商品の裏面、または側面に原材料名や保存方法などをまとめて記載している食品ラベル〉で区別して表記することが出来ませんでした。そのため、日本で販売されるオリーブオイルの多くに「エキストラバージン・オリーブオイル」と表示されていますが、日本では「エキストラバージン」の基準、グレードがないため、そのオイルがエキストラバージン・オリーブオイルであるかどうかを判断することが出来ませんでした。

結果として、ＩＯＣの規格を満たしていないオイルが商品名やキャッチコピーに「エキストラバージンオリーブオイル」と表記されて販売さるケースもあり、このことが日本のオリーブオイル市場を混乱させる大きな要因となっていました。

しかし日本でも「エキストラバージンオリーブオイル」の品質、成分等に関する正しい情報を消費者に伝える動きが出てきました。

二〇二三年三月に公正取引委員会および消費者庁の認定を受け「エキストラバージンオリーブオイルの表示に関する公正競争規約」が告示され、二〇二四年三月オリーブオイル公正取引協議会が設立されました。

一括表示内に「グレード」の項目が追加され、エキストラバージンオリーブオイルと表示することが出来るようになりました。[6] 表記をするしないはあくまでも任意ですが、今後、ＩＯＣ規格を満たしたエキストラバージン・オリーブオイルを裏面の一括表示内のグレードの項目に表記出来ることになります〈但し、名称、原材料名は「食用オリーブ油」〉。

また、公正取引協議会が承認した製品は会員証紙〈公正マーク〉の表示が可能になります。

今回、オリーブオイル公正取引協議会が設立されたことで、今までエキストラバージン・オリーブオイルではないオイルに商品名やキャッチコピーとして「エキストラバージン」と表記していたものも、消費者に誤認を与えるという公正取引の観点から取り締まりを強化していくことが出来ます。

実際に市場や企業、消費者の認識が変わるには時間がかかるとは思いますが、これから少しずつ日本の状況も変化していくことを期待しています。

本書では、エキストラバージン・オリーブオイルとはＩＯＣの規格を満たしたものを指し、ＩＯＣの規格に沿って説明します。

一括表示イメージ

名称	
グレード	エキストラバージンオリーブオイル
原材料名	
原料原産地名	
内容量	
賞味期限	
保存方法	
原産国名	
製造者	

その理由は、まず、オリーブ発祥の地とされる地中海沿岸地域の生産国が批准する規格であること。現在、世界のオリーブオイル生産国の九四％が法律として取り入れている世界共通の規格であること。日本でもＩＯＣ規格に準拠する動きになったこと。何より、エキストラバージン・オリーブオイルに期待する、香りがよい、抗酸化成分などの特徴があるのはＩＯＣの規格のエキストラバージン・オリーブオイルであること。さらに世界各国で報告されている健康効果などの研究データはＩＯＣの規格のエキストラバージン・オリーブオイルが対象であることだからです。

エキストラバージン・オリーブオイルの特性

ここまでエキストラバージン・オリーブオイルとは何かについて、定義から説明してきましたが、次にエキストラバージン・オリーブオイルの特性を説明します。

エキストラバージン・オリーブオイルの特性を一言で言うならば、香り、辛み、苦みとそのバランスです。この香り、辛み、苦みといったエキストラバージン・オリーブオイルの特性と栄養について解説します。

香り

エキストラバージン・オリーブオイルの最も重要で魅力的な特性は香りです。オリーブの実を搾っただけのエキストラバージン・オリーブオイルは、植物の自然な香りがします。

例えば、イタリアのシチリア州を代表する原品種トンダ・イブレアは、鮮烈なグリーントマトやルッコラ、バジリコの香りがします。同じイタリアでもラツィオ州の原品種マウリーノは青草や青い空豆、新鮮な青野菜や青紫蘇の香りに続いて、アーティチョークやハーブの香りが感じられます。他にも、青いマンゴーの香りがするオリーブオイル！　と驚くようなエキストラバージン・オリーブオイルもあります。

日本では油と香りというイメージはつながりにくいかもしれません。ごま油以外の植物油はほとんど無味無臭であり、ごま油の香りも方向性は一方向のみです。

しかしオリーブは世界に二〇〇〇種以上の品種があり、品種や栽培された環境によって香りは全く異なります。エキストラバージン・オリーブオイルの香りは多種多様です。そして何よりそのフレッシュな青野菜のフルーティーな香りに驚きます。油だと思っていたのに植物の香りがする！　これを一度体験すると、油に対する印象が変わります。エキストラバージン・オリーブオイルの世界の扉がぱっと開くのです。エキストラバージン・オリーブオイルが植物から生まれたことを実感し、植物だから品種によって香りに違いがあることにも納得してもらえます。

香りは美味しさを決める重要な要素です。それはオリーブオイルだけが特別なのではありません。美味しいものは香りが魅力的です。食事の際に感じる香りには、最初に鼻で感じる香りと、口に含んでから感じられる香りがあります。この味覚と嗅覚は別の感覚ですが、よく混同されています。味覚だと思っているものは、実は咀嚼中、鼻腔を通って口内に戻る香りを感じている嗅覚なのです。風邪を引いて鼻が詰まったら味がわからないというのはそのためです。この香りがあるからこそエキストラバージン・オリーブは料理を美味しくし、何千年もの間、多くの人々に長く愛され続けてきたのです。

辛み

辛みは、香りに匹敵するほど重要な特性です。

品種や搾油方法によって辛みの強さに違いはありますが、エキストラバージン・オリーブオイルであるためには辛みは必ずなくてはいけません。逆に辛みがなければエキストラバージン・オリーブオイルではありません。それほど重要な特性です。

辛みの正体は抗酸化成分であるポリフェノールです。抗酸化成分による炎症抑制作用によって喉の奥にカッと熱くなるような辛みを感じます。基本的に辛みが強いオイルほど、ポリフェノール値が高くなります。

辛みといっても、生のセロリやピーマン、辛味大根など、野菜の辛さに近いものからピンクペッパーやブラックペッパー、山椒のようなものもあります。日本人にとっては大根を生で齧ったときに感じる辛みというとイメージしやすいかもしれません。エキストラバージン・オリーブオイルの中には、一瞬だけ辛みを感じるものから、ずっと長く辛みが続くものもあります。長く続く辛みの方が、評価が高くなります。

苦み

苦みは辛みと違い、品種によってあるものとほとんど感じ取れないほどわずかなものがあります。苦みも辛み同様、ポリフェノールによるものです。苦みは苦みが強いほどポリフェノール値は高くなります。コーヒーのように奥深く引っ張っていってくれるような苦み、チョコレート好きの方には、ダークチョコレートの苦みを想像されるとよいかも知れません。

オリーブオイルの苦みの価値に関する研究は近年、非常に進みました。

イタリア南部プーリア州を代表する原品種コラティーナは苦みの強さが特徴ですが、苦みの価値が理解されていなかった時代、イタリア北部や国外市場では苦みを嫌う傾向がありました。このため搾油中の粉砕と攪拌中の温度を上げて、わざと苦みを抑えていました。今では苦みがポリフェノール成分であることが認識されるようになり、苦みの強いオイルを好む人も増えています。

ただ、辛みや苦みはお子さんなどには好かれないかもしれません。しかし、辛みや苦みは、エキストラバージン・オリーブオイルだからこそ味わえる植物の特性です。この香り、辛み、苦みはオリーブが本来持っているものです。それは京にんじんやにがうり。うど、ふきのとう、せりなどが特有の香りや辛み、苦みを持っているのと同じです。日本ではわさびや生姜、大根おろし、青ネギや紫蘇などの香り、辛み、苦みのある食材を薬味として料理に使ってきました。そんな日本人にとって、エキストラバージン・オリーブオイルの香りや辛み、苦みは楽しんでもらえるものと思います。

よく料理の最後にエキストラバージン・オリーブオイルを生のままかけると、香りと風味が素材や料理の味わいを何倍も引き立ててくれると言いますが、この用途こそが、エキストラバージン・オリーブオイルの魅力です。昔から植物が本来持っている香りや辛み、苦みを愛でる習慣がある日本人には、薬味のように使ってみてくださいと伝える方がよりわかりやすいのかもしれません。

例えば、鮮烈な青紫蘇の香りと強い辛みにバランスのよい苦みを持つイタリアのコッレジョーロという品種のエキストラバージン・オリーブオイルをさっと最後に薬味代わりにかけると、料理に清涼感を与え、味わいを奥深くしてくれます。

エキストラバージン・オリーブオイルの使い方に迷ったら、試しに好みの料理に薬味として使ってみてください。料理の味や香りが引き立ちます。

栄養

オリーブオイルの効果が世界的に注目されるきっかけとなった疫学調査があります。

一つは一九四八年に、ロックフェラー財団がギリシャのクレタ島で行った島民の食生活と健康に関する調査です。オリーブオイルと果実、穀物、そして新鮮な魚介類、牛肉より羊や山羊の肉、その乳製品を中心とした食生活がクレタ島の長寿の要因と報告されました。

もう一つはミネソタ大学教授のアンセル・キース博士とそのグループが一九五八年から一〇年間にわたり、ギリシャ、イタリア、旧ユーゴスラビア、オランダ、フィンランド、アメリカ、日本で調査した「七カ国調査」です。

この研究結果と一九七五年にキース博士が出版した『How to Eat Well and Stay Well: The mediterranean Way』から、「地中海料理は健康によいらしい」という知見が世界中に広まりました。

「地中海料理」は肉や卵、乳製品を控えめにして、野菜と豆、穀物と魚を中心に組み立てるバランスのとれた食習慣です。主な脂肪源として、オリーブオイルなどに含まれるオレイン酸を日常的に摂取することを推奨しています。「地中海料理」は二〇一〇年ユネスコによって無形文化遺産に登録されました。

多くの研究は、「地中海料理」と心血管合併症〈冠動脈疾患、脳卒中または高血圧〉、神経変性疾患、一部のがん、またその他の慢性や代謝性疾患〈真性糖尿病、二型またはメタボリックシンドロームなど〉の発生率の低下との間に相関があることを示しています。

同時に、炎症や酸化ストレスによる細胞のダメージを抑える効果、二型糖尿病、アルツハイマー病などの神経変性疾患のリスクの低減、予防など、エキストラバージン・オリーブオイルの効果が多くの研究により報告されています。

これらの効果の要因は大きく二つあります。一つはオリーブオイルの脂肪酸の種類と構造、もう一つはエキストラバージン・オリーブオイルに含まれるポリフェノールなどの微量成分です。

まず脂肪酸ですが、人が摂取する脂質のほとんどはグリセリンに脂肪酸が三つ結合したものです。グリセリンに結合する脂肪酸の種類によって脂質の性質が決まります。つまり、脂質は複数の脂肪酸の集まりであり、脂質を構成する脂肪酸の構造の違いによって分類されるのです。

脂肪酸の種類は大きくは飽和脂肪酸と不飽和脂肪酸に分かれ、不飽和脂肪酸には多価不飽和脂肪酸と一価不飽和脂肪酸の二種類があるため、全部で三つに分かれます。

オメガ〇系という言葉を耳にしたことがあると思いますが、多価不飽和脂肪酸はオメガ3系〈リノレン酸、エイコサペンタエン酸（EPA）、ドコサヘキサエン酸（DHA）など〉とオメガ6系〈リノール酸など〉に分かれ、一価不飽和脂肪酸はオメガ9系〈オレイン酸など〉に分けられることがあります。

オメガ3系を豊富に含む油として、アマニ油やえごま油など、オメガ6系を豊富に含む油として、サラダ油、ごま油、コーン油など、オメガ9系を豊富に含む油としてオリーブオイルがあります。

よくオリーブオイル＝一価不飽和脂肪酸またはオメガ9系のオイルと思われることがありますが、これは正確ではありません。オリーブオイルを含む全ての植物油は複数の脂肪酸によって構成されています。オリーブオイルはその中で一価不飽和脂肪酸〈主にオレイン酸、オメガ9系〉を多く含んでいる油です。一価不飽和脂肪酸だけで構成されているわけではありません。

それぞれの脂肪酸を簡単に説明すると、飽和脂肪酸はバターやラードなど動物性油脂に多く含まれています。有名なものはパルミチン酸やステアリン酸などです。摂りすぎると、血液中のLDL〈悪玉〉コレステロールや中性脂肪を増やし、心血管の健康リスクを高めることが報告されています。この脂肪酸が多い場合は室温で固体になります。

多価不飽和脂肪酸の代表はリノール酸やリノレン酸などです。種子油の主成分で、ほ

オリーブオイルの脂肪酸組成

脂肪酸の種類		%
ミリスチン酸	Myristic Acid	≦0.03
パルミチン酸	Palmitic Acid	7.00-20.00
パルミトレイン酸	Palmitoleic Acid	0.30-3.50
ヘプタデカン酸	Heptadecanoic Acid	≦0.40
ヘプタデセン酸	Heptadecenoic Acid	≦0.60
ステアリン酸	Stearic Acid	0.50-5.00
オレイン酸	Oleic Acid	55.00-85.00
リノール酸	Linoleic Acid	2.50-21.00
リノレン酸	Linolenic Acid	≦1.00
アラキジン酸	Arachidic Acid	≦0.60
ガドレイン酸(エイコセン酸)	Gadoleic Acid	≦0.50
ベヘン酸	Behenic Acid	≦0.20
リグノレイン酸	Lignoceric Acid	≦0.20

とんどの植物油に含まれています。リノール酸は人の体内で作られないため、食事から摂り入れなければならない必須脂肪酸ですが、過剰にとりすぎると脂肪の酸化も進むので、適度な摂取が推奨されています。また、分子内に二重結合が多いため酸化しやすい性質があります。

また、有名な多価不飽和脂肪酸のＤＨＡ、ＥＰＡには、血液中のコレステロールや中性脂肪を減少させ、血液の循環をよくする効果があり、動脈硬化・心臓病・がんの予防につながります。脳の働きを活性化するので、魚を食べることで頭がよくなるという主旨の歌が数年前に流行りましたが、脳卒中や認知症の予防効果が期待出来ます。

一価不飽和脂肪酸はオレイン酸が代表的で

す。オリーブオイルに豊富に含まれています。因みに、オレイン酸〈Oleic〉の語源はラテン語のオリーブ〈olea〉に由来しています。オリーブオイルに多く含まれているのは当たり前のことなのです。

油脂は、エキストラバージン・オリーブオイルに限らず、加熱によって酸化が促進されます。ただ油脂に含まれる脂肪酸の種類によって、酸化の容易さが異なります。

酸化は脂肪酸の二重結合部分で起きるため、二重結合が多い多価不飽和脂肪酸を含んでいる油脂ほど酸化しやすくなります。一方、二重結合が一つの一価不飽和脂肪酸のオレイン酸は酸化しにくく、リノール酸の一二倍、リノレン酸の二五倍です。

オリーブオイルの脂肪酸構成は酸化しにくいオレイン酸が約七五%、飽和脂肪酸が約一〇%、残りを多価不飽和脂肪酸が占めます。オリーブオイルが最も酸化しにくいオイルといわれる由縁は主成分がオレイン酸だからです。因みに、多価不飽和脂肪酸が少ないことから熱にも強く、炒めものなどに使っても酸化しにくい性質を持っています。

また、心血管の健康に有害とされる飽和脂肪酸が少なく、オリーブオイルに含まれる一価不飽和脂肪酸は心臓病やがんなどの疾患のリスクを低下させるという研究結果も発表されています。

他にも、摂取する油脂の一部を一価不飽和脂肪酸に置き換えると、ＨＤＬ〈善玉〉コレステロールを増やす〈心疾患のリスクを下げる〉ことが報告されています。摂取する飽和脂肪酸の一部を一価不飽和脂肪酸に置き換えることでLDLコレステロールを減らす〈心疾患のリスクを下げる〉ことも報告されています。

また、エキストラバージン・オリーブオイルは脂肪酸のバランスもよく、オメガ6系とオメガ3系のバランスは約一〇対一と最適です。オメガ6系がオメガ3より過剰になると、炎症やその他の健康問題の原因になるとされています。しかも、エキストラバージン・オリーブオイルの脂肪酸構成比は植物油脂の中で最も人の母乳に近いといった特徴もあります。

次に微量成分ですが、エキストラバージン・オリーブオイルは精製処理を行っていないため、オリーブの実に含まれる微量成分が残っています。

代表的な微量成分はポリフェノール、クロロフィル、トコフェロール〈ビタミンE〉、ビタミンA、βカロチン、ビタミンDなどです。こういった微量成分の総量はオイル全体の一〜二％程度とわずかですが、様々な効果があるとされています。

一部を紹介します。

ポリフェノールの一種であるオレウロペインは、強い抗酸化作用を有し、血液中のコレステロールの酸化を抑制し、結果として血圧やコレステロール値を降下させると言われています。また、近年の研究ではアルツハイマー病の原因である主要神経毒のオリゴマーの合体をブロックするなど、アルツハイマー病の進展を抑制する可能性があることが示唆されています。

ビタミンEの一種であるトコフェロールは抗酸化作用を有し、血液中のコレステロールなどを低下させたり血行促進したりする効果があります。トコフェロールは脂溶性であるためオイルと共に摂取するのが理想です。

オリーブオイルは植物ステロールの中でも小腸でコレステロールの吸収を抑制する作用があり、腸管吸収を阻害する物質であるβ-シトステロールを含んでいます。そのため、血中コレステロールを低下させる効果があるとされています。

このように、エキストラバージン・オリーブオイルには様々な効果が確認されていますが、一つ注意していただきたいことは、エキストラバージン・オリーブオイルも他の油脂と同様にカロリーがあります。身体によいからと大量に摂取すると当然カロリーオーバーになってしまう可能性があります。しかし、エキストラバージン・オリーブオイルは特徴である香りと風味によって、他の食用油よりも少量で満足感を得やすいとも言われています。食事に合わせて、適量を使用することがおすすめです。

色調

色調はエキストラバージン・オリーブオイルの特性ではありませんが、誤解されることが多いので簡単に触れておきます。

オリーブオイルの色と言えば、鮮やかなグリーンやイエローグリーンを思い浮かべる方も多いと思います。グリーンが濃いと美味しそうに見えることもあるかもしれません。しかし、エキストラバージン・オリーブオイルの色・色調と品質は関係ありません。品種による違いです。品種によってグリーンが強いものもあればイエローが強いものもあります。官能評価でも色調の評価項目はありません。

オリーブオイルの主な色素は、クロロフィル類とカロチノイドです。エキストラバージン・オリーブオイルはクロロフィルにより光酸化を受けやすいため、遮光性の高い遮光瓶が使用されています。市場には透明の瓶に入っているものもありますが、オイルは光に弱いため黒色など遮光性の高い瓶に入っているか、箱に入れて販売しているものがおすすめです。同じ理由で保管も冷暗所に置くことで酸化を防ぎ、品質を保つことが出来ます。

エキストラバージン・オリーブオイルの種類

最後にエキストラバージン・オリーブオイルの種類について説明したいと思います。

単一品種とブレンドオイル

エキストラバージン・オリーブオイルには大きく分けて単一品種とブレンドオイルの二つの種類があります。単一品種は文字通り、一つの品種のみで作るオイルです。一品種だけを使うため、品種の特徴が最大限に表現されます。品種ごと、畑ごとに最適な熟成度で収穫するため、クオリティの高いオイルが多く生まれる傾向があります。品種の特徴を楽しむなら単一品種が最適でしょう。

しかし、単一品種のオイルを作るのは大変です。まず一品種だけで十分に搾油出来る栽培規模が必要です。また、通常オリーブ畑には交配種〈受粉を目的として植えられるオリーブの品種〉を含めて複数の品種のオリーブの木が栽培されています。その中から一品種だけを選んで収穫しなくてはならず手間がかかります。何より単一品種の個性を最大限引き出すためには、栽培、収穫、搾油と全ての工程できめ細やかな手入れが必要です。手間とコストが多くかかります。

一方、ブレンドオイルは、二種以上の品種をブレンドして作ります。一般的なブレンドオイルは、複数の品種が栽培された畑ごとにまとめて収穫し、搾油します。品種ごとに熟成度のバラつきがあるため、品質の劣化は避けられませんが、一気に収穫出来るためコストは抑えられます。単一品種より安い価格で販売されることが多い理由です。

但し本来、ブレンドオイルはこのような作り方ではなく、単一品種同士を組み合わせて作られるものです。それぞれの品種の特徴を活かし、苦みが強すぎる、あるいは弱すぎるといったマイナス点を補い、香りや辛み、苦みのバランスがよく、多くの人に好かれるオイルに仕上げます。例えば、青いピーマンや青草の香りを持ちながら苦みの少ない品種に苦みの強い品種をブレンドすると、より複雑な香りと深みを持つオイルになります。この方法はコストがかかりますが、個性をかけ合わすことで、滅多に出合えない贅沢なブレンドオイルが生まれます。しかし、コストも手間もかかるため、このようなブレンドオイルを作る生産者は少数です。

フレーバーオイル

ブレンドオイルの先にあるのが、フレーバーオイルです。フレーバーオイル自体は昔からあるものですが、近年、注目度が高まり、需要が伸びています。

フレーバーオイルとはエキストラバージン・オリーブオイルにレモンやバジル、ガーリックなどの香りをつけたものです。

フレーバーオイルの作り方は大きく分けると二つです。エキストラバージン・オリーブオイルにエッセンスを加えて作る方法と、レモンやバジル、にんにくなどフレッシュな果物やハーブをオリーブと一緒に粉砕して搾る方法です。いずれもエキストラバージン・オリーブオイルの品質を失わずにフレーバーをつけるために考えられた方法です。

ハーブやガーリック、もしくは唐辛子をエキストラバージン・オリーブオイル、またはオリーブオイルに漬け込んで作った自家製フレーバーオイルや、レストランで唐辛子が入っているエキストラバージン・オリーブオイルを見かけることが多々あります。実は、エキストラバージン・オリーブオイルの中にハーブやガーリック、唐辛子などを直接残すと、食材から出る水分やハーブによって酸化が進み、劣化の原因になります。エキストラバージン・オリーブオイルの栄養価も失われ、香りもフレーバーどころか酸化臭になってしまいます。もし自家製のフレーバーオイルを作る場合は、毎回必要な分だけ作り、一度に使い切ることをおすすめします。

自家製のフレーバーオイルはすぐに酸化して劣化しますが、プロが作ったフレーバーオイルは劣化せず、香りも安定し長く楽しめます。これがプロの作るフレーバーオイルが存在する理由です。

昔は、粗悪なオイルにフレーバーを足したものが市場で多く販売されていましたが、今はベースにエキストラバージン・オリーブオイルを使い、化学的に作った芳香剤ではなく、自然由来の香りを持ち、根底にエキストラバージン・オリーブオイルの香りが感じられるものが増えました。中には地産地消の特徴を持つ食材を使ってフレーバーオイルも作られています。例えば、輸入されるため、日本で新鮮な香りが残ったシチリア産レモンを見つけることは難しい場合もありますが、フレーバーオイルならいつでもシチリア産レモンの風味を楽しめます。フレーバーオイルにすることで、地産地消の食材の香りを遠く離れた場所に届けることが出来るのです。

トリュフは高価で旬の時にしか手に入らないものですが、トリュフオイルなら使いやすく、アーリオオーリオスパゲッティやピザにトリュフオイルをかけると香りと風味がアップします。フレーバーオイルは手軽で組み合わせも容易で、エキストラバージン・オリーブオイルをどう使えばよいのか迷う場合は、フレーバーオイルから始めるのもよいかもしれません。

オリーブオイルの現状

ここまでエキストラバージン・オリーブオイルとは何か、その定義と特性を説明してきました。

エキストラバージン・オリーブオイルの定義は「オリーブの実を搾っただけのオイル。ディフェクトが一切ない完璧なオイル」と非常にシンプルです。それゆえもしかしたら、この定義はある意味、当たり前のことにように感じる方いると思います。特別なことと感じない方も多いかもしれません。しかし、このある意味当たり前のことを実現することはとても大変なことなのです。

エキストラバージン・オリーブオイルはオリーブの実を搾っただけのオイルです。搾っただけだからこそ、原料であるオリーブの実を健康に育て、搾油し、ボトルに詰めるまでの全工程が完璧でなくてはいけません。シンプルだからこそ何一つ失敗することが許されないのです。一つの失敗もなく完璧に出来てはじめて、皆さんがイメージする健康によく、香りがよく、抗酸化成分が豊富で美味しいエキストラバージン・オリーブオイルが出来るのです。しかし実際に行うのはとても大変です。それゆえ、そこにはエキストラバージン・オリーブオイルの凄さや魅力が詰まっています。

二章以降では、さらに詳しいエキストラバージン・オリーブオイルの説明をしていきます。歴史やエキストラバージン・オリーブオイルが出来るまで、世界の品種やエキストラバージン・オリーブオイルを取り巻く世界事情、エキストラバージン・オリーブオイルのクオリティを守るオリーブオイル鑑定士や品質を競い合うコンペティションなど、エキストラバージン・オリーブオイルのより奥深い世界を紹介します。エキストラバージン・オリーブオイルの凄さ、魅力を理解してもらえると思いますので、是非最後まで読んでいただければと思います。

＊1　**溶剤抽出法**　植物の種子や果実などから化学溶剤〈主にヘキサンなど〉を使用し油を抽出するための方法。まず原料に溶剤を加え油分を溶かし出し、油分と溶剤が交ざった液体〈ミセラ〉を得、次に、溶剤を取り除くため高温で蒸留させる〈脱溶剤〉。抽出された油は黒く臭いも強く、不純物も含まれているため精製処理を行う。精製処理では、浮遊する不純物の除去〈脱ガム〉、遊離脂肪酸の除去〈脱酸〉、色の除去〈脱色〉、臭いの除去〈脱臭〉などを行う。これにより不純物や望ましくない成分が取り除かれるが、原料に含まれていた好ましい成分も共に失われてしまう。

＊2　ごま油も圧搾法のみで作られる場合があります。

＊3　**再エステル化**　植物油に水素を添加することにより常温で固形脂に変化させる技術。特に食品産業において、バターや他の動物性油脂の代用として使用される部分水素添加植物油のような人工の固形脂肪を製造するために広く利用されてきた。しかし、再エステル化の過程で、油中の不飽和脂肪酸が水素で飽和し生成されるトランス脂肪酸は、心血管疾患、糖尿病、肥満のリスクを高めることが多くの研究で確認されている。さらに、トランス脂肪酸はリノール酸やα-リノレン酸などの必須脂肪酸の吸収機構を阻害することが報告されている。

＊4　**精製オリーブオイルの販売**　精製オリーブオイルは、販売国が許可している場合のみ、消費者に直接販売することが出来る。

＊5　「オリーブオイル〈狭義〉」は以前「ピュア・オリーブオイル」という呼称で販売されていた。しかし、「純粋」や「混じりけのない」という意味を持つ「ピュア」という呼称が、精製されたオイルという実体にそぐわない、むしろ未加工で品質がよいという誤解を与える可能性があるため、現在IOCは「ピュア・オリーブオイル」という呼称の使用を避けるよう推奨している。

＊6　**グレードの表示**　グレードの表示は、「エキストラバージンオリーブオイル」もしくは「エクストラバージンオリーブオイル」又は「エキストラバージン」もしくは「エクストラバージン」。尚、「オイル」については「油」に置き換えて表示することも出来る。

第2章 オリーブオイルの歴史

英語の oil〈オイル〉の語源はオリーブを意味するラテン語の olivum です。古代ギリシャ語ではオリーブの実を ἐλαία〈エライアー〉、オリーブオイルを ἔλαιον〈エライオン〉と呼んでいました。ここからラテン語の olivum、そしてオリーブオイルを指す oleum という言葉が生まれました。現在のイタリア語の oliv と olio〈オリーブとオイル〉、フランス語の olive と huile〈オリーブとオイル〉はいずれもこのラテン語に由来しています。

オリーブ栽培の起源

オリーブの起源は、出土した化石の研究によって二〇〇〇万～四〇〇〇万年前の漸新世で、現在のイタリアと地中海東部流域に相当する地域という説が報告されています。

一方、人類は一〇万～一二万年前にオリーブを利用していたこと、アフリカ大陸のモロッコ大西洋岸では、オリーブは燃料として使われ、恐らく食糧としても消費されていたことが知られています。つまりオリーブの木は、四〇〇〇万年ものはるか昔から人間にかかわることなく存在していたことを意味します。

オリーブの最初の栽培地については諸説ありますが、今から六〇〇〇年前、黒海東岸の現在のパレスチナやシリア、アルメニア地方と言われています。パレスチナとシリア地域から、オリーブの木と実を粉砕するための道具の遺跡が発掘されています。

しかし、ギリシャのクレタ島にいくと、クレタ島こそオリーブ栽培の起源の島だと主張しています。ミノア文明〈紀元前二六〇〇～一四〇〇年頃〉がオリーブ栽培とオリーブオイルの生産に深く関わっていたと言われており、クレタ島の遺跡からはオリーブオイルを保存するための大型の壺やオリーブを圧搾するための設備が発見されています。またクレタ島の小さな村ヴォーヴェス〈Vouves〉には、これも諸説ありますが世界最古とされる樹齢四〇〇〇年のオリーブの木があります。

一方トルコにいくと、トルコこそオリーブ栽培の起源だと主張しています。

トルコ西部、地中海沿岸のアナトリア半島にあるエフェソス博物館には、この地で発掘された紀元前三〇〇〇年頃のオリーブの実を潰す器具と実のかけらが展示されています。このように未だオリーブの起源や最初の栽培地について議論が続いているのは面白いことです。

オリーブについて文献で言及されている最古の記録は、古代メソポタミアの『エブラ文書』〈紀元前二四〇〇年頃〉と言われています。この『エブラ文書』には、オリーブオイルの生産や貿易に関する記述が残されています。

さらに旧約聖書の第一書『創世記』にもオリーブが登場します。大洪水の後、ノアの箱舟はアララト山〈トルコ東部のアルメニア国境近く〉に着きます。ノアは、大洪水が収まって地上に平和が戻ったか確かめるため鳩を放ちます。その鳩がオリーブの枝をくわえて戻ってきたのを見て、陸地が近くにあることを知ったと記されています。

現在でも、鳩とオリーブは平和のシンボルとされ、国際連合〈国連〉の旗は地球がオリーブの枝葉で包まれたデザインです。

フェニキアとバビロン

古代からオリーブオイルは食用として使われる以外に、虫刺されから皮膚を守るための薬や便秘薬、胃腸薬などの万能薬として、さらにはランプを灯すための油として使われていました。また聖なる儀式用として高貴な人々の遺体にハーブと共に塗布するために用いられていました。

紀元前一八世紀頃、メソポタミア文明発祥のチグリス川とユーフラテス川の間、メソポタミア地方〈現在のイラクの一画〉にあるバビロニアを統治したハムラビ王が発布したハムラビ法典には、オリーブオイルの生産と商取引を基準化する記録があり、地中海を就航する船の積荷物書としてオリーブオイルの記載が残されています。

その後オリーブの栽培はフェニキア〈現在のシリアの一画にあたる地中海東岸〉へと広がります。海上交易に長けたフェニキア人によって地中海に沿って北はトルコやクレタ島へ、南は陸路でエジプトや北アフリカへ、さらにその後北上してイタリアのシチリア島やサルデーニャ島へ、西はモロッコ、スペインへと広がりました。オリーブは重要な商取引の一つへと成長し、地中海沿岸地域の経済に大きく貢献しました。

ギリシャ神話の中のオリーブ伝説

ギリシャ神話にはオリーブに関する有名なエピソードがあります。

女神アテナと海神ポセイドンは、アテネ周辺の地アッティカの支配権をめぐって争います。これを見た全知全能の神ゼウスは、

「この大地の民に利益をもたらすことが出来た者に褒美としてアッティカを与える」と説きます。ポセイドンはトライデントで地を蹴って海の上を恐ろしいほど速く走り、戦車を引く馬を噴出させます。一方アテナが地に槍を放つとオリーブの木が現れ、その後、民達は長年にわたり食物として、また薬や生活全般に役立つオリーブを栽培します。結果、民に富を与えたアテナがポセイドンに勝ちアッティカを与えられました。こうしてアッティカのアクロポリスの丘に建設されたパルテノン神殿には女神アテナが守護神として祭られ、オリーブは「聖なる木」として各都市に広がっていきました。

オリンピック競技が開催される際の聖火が、古代オリンピック発祥の地オリンピアで採火されることは多くの方がご存じでしょう。

古代ギリシャにおけるオリンピックの授賞式は、ゼウスを讃えるため、アテネのアクロポリスの東側にあるゼウス神殿で行われていました。オリンピックの終わりに、ゼウス神殿横のエレアとエライア・カリステファノスとして知られる聖なる木の枝を黄金のハサミで切り落とします。その枝をヘラ神殿に運び金色の象牙のテーブルの上に置いた後、古代オリンピア協議会の審査員達は、オリンピックの優勝者、父親、そして彼の街の名を伝えた後、優勝者の頭にオリーブ冠〈コチノス〉を授与しました。オリーブの小枝を編んで作るコチノスは、神の保護を受ける神聖なものとされていました。

オリンピックで勝者の頭に乗せるのは、月桂樹で作られた冠だと思っている方も多いのですが、古代ギリシャの英雄ヘラクレスが勝者に与えたのは、父ゼウスを讃えるために植えたオリーブの枝で作ったオリーブ冠です。紀元前四〇〇年代に活躍した詩人アリストパネスは、著書『冥王星』の中で、賞金ではなくオリーブの枝を報酬として受け取ることについて皮肉を交えたコメントを残しています。

二〇〇四年に開催されたアテネオリンピック以降、夏のオリンピック開催前に、クレタ島のヴォーヴェスの世界最古のオリーブの木に神聖な儀式と祈りを捧げ、枝をカットし、聖火リレーがスタートする地であるアテネに送っています。

ローマ時代

紀元前五八〇年頃、王政ローマ第五代王ルキウス・タルクィニウス・プリスクスの命によって、それまで一部の地域のみであったオリーブの栽培がイタリア全土に広がりました。ローマ帝国は統括する全地域に栽培を促進しました。ガイウス・ユリウス・カエサルはオリーブオイルを年貢の代わりに収めることを許します。このためオリーブオイルは「緑色の金」と呼ばれ、ローマ人にとって生活に不可欠な存在となります。

ローマ帝国は征服する地へ次々とオリーブの木を持ち運び栽培しました。その結果、オリーブの栽培地は北ヨーロッパまで広がりました。しかし、地中海性気候からは程遠い北ヨーロッパでは定着しませんでした。

ローマ時代には既にクオリティの高いオリーブオイルが作られていました。

当時、マルコ・テレンツィオによってラテン語で書かれた三部作「Rerm Rusticalum」の中に、クオリティの高いオリーブオイルを作るためには手摘みで、黄金に輝くグリーンオリーブの実を収穫しなければならないと記述されています。

ローマ人はクオリティの高いオリーブオイルの栄養価を理解していて、オリーブオイルをクオリティによって五つに格付けしていたという記録が残っています。

等級が高いオイルから順に、

「oleum ex albis ulivis／グリーンオリーブを搾油したオイル」

「oleum viride／熟成がグリーンより進んだオリーブを搾油したオイル」

「oleum maturum／熟成したオリーブを搾油したオイル」

「oleum caducum／木から落ちたオリーブを集めて搾油したオイル」

「oleum cibarium／傷ついたオリーブを搾油したオイル」

と定めていました。

最高級品のオイルは貴族や戦士、そして聖職者に、最下級のオイルは灯用と奴隷の食用にしていました。

ローマ時代の詩人マルティアリスやオラツィオが記したとされる書物によると、当時は三つの方法でオリーブを保存していました。まずはオリーブの実を収穫したらすぐに搾油し、オリーブオイルとして保存する。二つ目はオリーブオイルの中に実をつけて保存し、必要に応じて搾油する。三つ目は食用としてオリーブの実を塩漬けにして、ハーブや蜂蜜、もしくはブドウから作る酢を加えて保存する。ハーブや蜂蜜を加えたオリーブの実は前菜やアルコールと一緒に食されていたと伝えられています。また、野菜やチーズなどの食材もオリーブオイルに漬けて長期保存出来るように工夫していました。

ローマ人はオリーブオイルに消炎作用があることを知っていて、出血を止めるためや毒性のある植物にかぶれた際の治療薬として用いていました。また寒さから身を守るためのボディオイルとして身体に塗布したり、搾りかすはランプなどの燃料として使っていました。一家族が消費する食用オリーブと同量をランプや潤滑油に用いていたと言われています。さらに宗教的儀式や薬用にも使用していたため、大量に消費していたことになります。

ローマ時代には圧搾技術が改良、発展し、搾油量も増大しました。

オリーブオイルの圧搾は、収穫した実を大きな石の鉢に入れ、木製の棒を使って手作業ですり潰し、下に開けられた穴からオイルを抽出するシンプルなものでしたが、レバープレスの導入によってオリーブ圧搾の革命がもたらされます。

レバープレスの原理はテコの原理に基づいています。

長い梁〈レバー〉の一端を固定し〈支点〉、もう一端に重い玉石を吊るします〈力点〉。梁の中央付近の圧搾台に石臼やすり鉢で粗く砕いたオリーブの実を繊維状の袋に入れて並べます〈作用点〉。梁の片方に吊るした玉石の重みを利用しながらゆっくり下げることで、テコの原理でオリーブに強い圧力がかかり搾ることが出来ます。この圧搾技術によって大量のオイルを効率的に搾り出すことが出来るようになりました。

その後、古代ギリシャの数学者であり物理学者であったアルキメデスが、ねじの原理を応用したコクレアと呼ばれる木製のスクリュープレスを発明します。

古代ローマの学者プリニウスは、オリーブオイル用の石臼には丸く固定された台座と、中央の軸を中心に回転する粉砕アームが備わっていたとスクリュープレスについて講義をしています。軸の上部は可動式で、スクリューを回転させることでオリーブの実を押し潰しすぎないように、均一に圧力を加えながらオイルを抽出することが出来ます。プリニウスは、ギリシャ人が発明した革命的な技術だとこのスクリュープレスを賞賛しています。

ローマ神話〈古代ローマで伝えられた神話〉の伝説では、ヘラクレスが現在のチュニジアからイタリアにオリーブ栽培を広めたとされています。ローマ人によれば、植物の栽培とオイルの抽出方法を人間に教えたのはローマ神話の女神ミネルヴァでした。

その後起きたローマ帝国の滅亡は、オリーブの木の栽培とオリーブオイルの使用に関連する文化の発展が一時的に停止したことを意味します。

中世

この時代、ヨーロッパの一部は急激な人口増加、気候変動、疫病の蔓延によるゲルマン系やスラブ系民族の大移動が起こりました。それに伴い、それまでの穀物、ワイン、オリーブオイルを中心とする食生活から動物性油脂と肉類へと変化します。家畜の餌用の穀物栽培にも力を入れるようになり、オリーブを栽培する文化は徐々に失われていきました。

一方、修道院や教会は細々とオリーブを栽培する文化を守り続け、とりわけ宗教的な儀式や祭典を中心にオリーブオイルは使用されるようになります。また、神殿や祭壇の灯火用の燃料としても使用され続け、神聖な空間を照らす役割を果たしていました。実際に、ベネディクト修道会の修道士達がオリーブの栽培や搾油に関する知識を書き留め、受け継いでいました。

ルネッサンス・大航海時代

ルネッサンスが始まった一三〇〇年頃、地中海沿岸では既にオリーブオイルが普及していました。しかし食用としては裕福な貴族の家庭でのみ使われ、中産階級や庶民はラードやバターを使っていました。

ベローナ大学が研究発表した当時のレシピとその他のデータによると、中世末期のベネツィアでは、レシピの四二％にラードなど動物性油脂が使用され、オリーブオイルの使用はわずか七％でした。

想像に反して、この時代オリーブオイルは食用としてより典礼に必要とされていました。そのため教会や修道院だけでなく、どんなに小さな共同体でもオリーブは栽培されていました。

一方、中央・北ヨーロッパでも同じく動物性油脂を優先する地域が増えます。「tempus de laride〈ラードの時間〉」というラテン語は当時、牧歌的な農民の暮らしの中で重要な暦を表現していました。ラードは成長した豚から四～五キロとれるため、その販売によってひと家族が約三か月暮らすことが出来るほど重要な収入源でした。そのためオリーブオイルの消費国は、イタリアやスペイン、ポルトガルなど南ヨーロッパに限られていきます。

一五世紀に入り、オリーブオイルは文化的アイデンティティの象徴として貿易における重要な収入源になることにイタリアの貴族や商人が注目します。オリーブ栽培はイタリア半島全体、特にメディチ家などの有力貴族が広大な土地をオリーブ栽培に転換したためトスカーナ州で拡大し、イタリアがオリーブオイルの第一生産国となります。また、イタリア南部では、ビザンチン―イスラムの影響を受けて、パンや豆、肉料理にオリーブオイルを多く使われるようになりました。

一五～一七世紀前半と言えば、ポルトガル・スペインを中心とするヨーロッパ諸国においては大航海時代です。

ポルトガル、スペインもオリーブオイル生産国で消費国であり、動物性油脂は長期保存出来ないことから、航海にはオリーブオイルが積載されました。オリーブオイルにスパイスや塩を組み合わせて干物や塩漬け肉、クラッカーなど長期保存が可能な食品も重宝されるようになります。

一六世紀に入るとポルトガルとスペイン人の修道士達が北米カリフォルニアにオリーブの苗木を持ち込み栽培し始めます。またイタリアとギリシャ移民達もオリーブオイルの食文化を北米に持ち込みます。やがて世界各国へとオリーブ栽培は拡大します。

近代

農学者が様々なオリーブの品種を認識し、地理的な原産地や果実の有機的な特徴によって区別するようになったのは一七〇〇年代に入ってからです。

一八世紀のイタリアでは、オリーブの木と果実の目録が各地の修道院や機関によって作成されるようになり、原品種ごと、また地理的にも分類されて管理されます。イタリア国土全体で地域ごとの原品種が栽培されるようになり、世界で最も多くの品種が栽培される国となります。

貿易が盛んだったこの時代、オリーブオイルは既にヨーロッパ全土に輸出されていました。トスカーナ、リグーリア、ガルダ地方で生産されるオリーブオイルのクオリティの高さは当時既に知られていました。その後一九〇〇年代には、イタリアやギリシャからの移民により、オリーブオイルは北米全域に広まります。

一方、アングロサクソン系諸国では動物性油脂の使用が優勢であり続けました。地中海沿岸の国々でもバターやクリームなどの動物性油脂は「豊かさ」の象徴とされる一方で、オリーブオイルは「貧しい」食品と考えられていました。二〇世紀に入り「地中海式ダイエット」の研究報告でオリーブオイルが再発見され、価値が見直されるまで、一時期は料理の主流から無視されていたほどです。

しかし「地中海式ダイエット」をはじめ、オリーブオイルの健康効果に関する研究が報告され始めると、健康意識の高まりと経済成長の波に乗り、オリーブオイルは世界中から注目されるようになります。オリーブオイルの主な生産地である地中海沿岸地域は、世界的なオリーブオイルの需要の高まりに応えるため生産量を拡大します。また、チュニジア、トルコ、アルゼンチン、チリなど新たな生産国でも生産量が拡大します。

日本におけるオリーブの歴史

日本においては、安土桃山時代にポルトガルの宣教師によってオリーブオイルが伝えられたのが最初とされています。鉄砲伝来から約五〇年後の一五九四年〈文禄三年〉、スペイン国王からの献上品として、オリーブの実一樽が贈られました。

江戸時代後期にはオリーブの苗木を移植しましたが根付かなかったようです。一八七八年〈明治一一年〉パリ万国博覧会の日本館館長が持ち帰った苗木二〇〇〇本を植樹し、現在の神戸市に旧国営の「オリーブ園」を開いたのが、本格的な栽培の始まりです。同園は後に廃園となりますが、そのうちの一本が楠木正成を祭る神戸市中央区の湊川神社に移植され、日本最古のオリーブ樹として現存しています。

その後、一九〇七年〈明治四〇年〉になると、当時の農商務省が三重・香川・鹿児島の三県を指定して翌年試験栽培を開始しました。そのうち香川県小豆島に植えたオリーブだけが順調に生育し、大正時代の初めには搾油が出来るまでになりました。

その後オリーブ栽培地域が広がる一方、一九五九年〈昭和三四年〉に輸入が自由化されます。大量に輸入された外国産オリーブ製品に押され、国産オリーブオイルは下火になります。しかし一九九〇年代以降のイタリアブームや健康食品志向の影響によって、オリーブオイルは再び脚光を浴び始め需要が増大しました。近年では日本全国でオリーブの栽培が拡大しています。

part 2

エキストラバージン・オリーブオイルが出来るまで

第3章 オリーブ畑

エキストラバージン・オリーブオイルは気候や土壌、収獲時期など様々な栽培条件によって、香りや風味、栄養成分が変化します。これは一章で説明したように、オリーブの実を搾っただけで作られるため、オリーブの実の品質がオイルのクオリティに直結するためです。

エキストラバージン・オリーブオイルを作るためには、まず健康なオリーブの実をいかに作るかが大切です。ここでいう健康なオリーブの実とは、ハエなどの被害にあっておらず、病気などにもなっていない実のことです。もし何か問題があれば、その実からエキストラバージン・オリーブオイルを作ることは出来ません。

しかも、さらにクオリティの高いエキストラバージン・オリーブオイルを作るためには、健康な実を育てることはもちろん、より品質の高いオリーブの実を育てることが大切です。そのためには、気候や土壌などオリーブの実が生育する自然環境が非常に重要です。

例えば、夏の高い気温と太陽熱は、オリーブの実と葉の光合成を活発にして実の成長を促進します。夏季の実の成長期における適度な降雨量は、オイルの収穫量とクオリティ〈香りと風味〉に影響を及ぼします。冬の低い気温と湿度は、ポリフェノールの生成に作用します。

土壌の化学組成、水分、透水性、深さは、オリーブの木が土壌から吸収出来る窒素、リン、カリウムといった栄養素やミネラルを左右します。これらの要素は植物の成長に不可欠であり、オリーブの実の収穫量とクオリティに影響を与えます。つまりオリーブ畑はエキストラバージン・オリーブオイルのクオリティの重要な決定要因なのです。

ここではそんなオリーブ畑について説明していきます。

オリーブの木

オリーブは生命の木と言われています。

オリーブの学名は「オレア・エウロペア〈olea Europaea〉」。モクセイ科に属します。

オリーブの寿命は長く、世界には樹齢数千年という木が沢山存在します。クレタ島のヴォーヴェスにある世界最古と言われる樹齢四〇〇〇年のオリーブの木は毎年実をつけます。木の内側は人が入れる程大きな空洞になっていますが、樹皮の内側の形成層を通って栄養分や水分が巡っているのです。

オリーブの木は再生力も強く、枯れた木や病気にかかった木でも、適切な手入れをすると蘇ります。伐採された木も残った根鉢〈地中に広がった根と土が鉢状に固まったもの〉から新芽が息吹きます。こうして何千年も生き続けることから、多くの国で永遠と忍耐の象徴とされています。まさに不老不死の木なのです。

オリーブは丈夫な植物であるため、石灰質や痩せた土壌、石の多い土壌、乾燥した土壌にも適応し、マイナス一〇度からプラス五〇度の気温にも耐えます。根は地中深く横に広く張り、乾いた土地から水分を吸収することが出来ます。イタリアではこのオリーブの根の性質を利用し、断壁にオリーブを植樹して地滑りを起きにくくしています。実際、最近エミリア・ロマーニャ州地域で大雨による土砂崩れがあり、果樹園の大半が流されてしまった中、オリーブ畑はびくともしませんでした。

同じ理由で、イタリアでは家のすぐそばにオリーブの木を植えてはいけないと言われています。オリーブの木の根が周囲の土壌に深く広く入り込み、強いては建物の基礎に損傷を与え、壁や床に亀裂を生じさせる危険性があるからです。イタリアの友人が日本に来ると、家の玄関前にオリーブの木が植えられているのを見て驚きます。

オリーブの実

オリーブの木は植樹する木の樹齢にもよりますが、三〜四年目ぐらいから実をつけ始め、四〜九年ほどで搾油出来るぐらいの量が実ります。一般的に五〇年程で成熟と呼ばれますが、その後も木が健康であるかぎり実をつけ続けます。オリーブ栽培で有名なイタリアやギリシャでは樹齢何百年というオリーブの木がそこかしこに在り、今もそれらの木から良質なオリーブオイルが作られています。

オリーブの実は一個あたりの重さが〇・五〜一五グラムで、おおよその内訳は、果肉〈中果皮〉が六〇〜九〇%、種子〈胚乳・胚〉が一〜二%です。オリーブの実には一〇〜三〇%ほどのオイル成分が含まれていて、その九八%程度までが果肉に存在しています。但し、果肉のオイル成分は各品種の遺伝的要素に影響され、かつ樹齢、気候条件、水分や栄養分がどれだけあるかなどによって変わります。

果樹であるオリーブは、同じ果樹である梅や柿などと同じように、いわゆる「チャージ・イヤー」と呼ばれる実がよくつく年と、「ディスチャージ・イヤー」と呼ばれる実があまりつかない年があります。隔年結実性とも言われ、サイクルは通常二年周期ですが、不作の年が二～三年続くこともあります。このサイクルは、同じ栽培地域内でも、同じ畑内でも、同じ木の中でも起こり、同じ木でも実がよくつく枝とほとんど実がつかない枝があります。このためオリーブオイルの生産量は年によって変化します。

隔年結実性の主な理由に、成長中の果実による花芽誘導の阻害があります。植生器官〈葉や枝など樹木の成長と光合成を担う部分〉と生殖器官〈花や果実など種子を形成し繁殖を行うための部分〉の養分の競合によるものです。生殖器官の成長が優先されると、その年の新梢の成長が抑制され、翌年の花芽形成に必要な新梢が育たなくなり、翌年の開花量が減少するのです。

また、農学的要因があります。大きな要因となるのは土壌中のミネラルバランスです。栄養不足、特に芽分化期の窒素不足は、翌年の成長、果実の大きさ、開花に影響します。

剪定などの栽培技術も大きく影響します。剪定によって、成長と生産性を促進しながら植生と生産性のバランスを上手く保つ必要があります。剪定しすぎたり剪定のタイミングが早過ぎたりすると、植生を旺盛にして生産性を損なうことがあります。軽く遅い時期の剪定は植生の繁茂を抑えて生産性を向上させます。その他にも、遺伝子レベルでの花芽形成の抑制、潜在的な花芽の淘汰など、いくつものメカニズムが寄与しています。

気候

オリーブは古代から、中東やトルコ、スペイン、イタリア、ギリシャなど地中海沿岸地域で栽培されてきました。オリーブには、夏は日射量が多く暑く乾燥し、冬は湿潤で温暖な地中海性気候が適していると言われています。オリーブの木は風媒花〈風の媒介で受粉する花〉のため、開花期〈晩春〉に雨が降ったり、湿度が高かったりする地域は適しません。収穫の終わる秋から冬にかけて降雨量が集中し、一般的に年間降水量が二〇〇〜一二〇〇ミリ程度が理想とされています。

地中海性気候とは、ドイツの気候学者ケッペンによる区分の一つですが、ケッペンは当初、オリーブの木が地中海沿岸に分布していることから、オリーブ気候という名称を使用しました。このことからオリーブは気候区分の基になっていたことがわかります。

オリーブの健康な生育には冬の寒さも大切です。

多年生果樹〈毎年実り続ける果樹〉であるオリーブは、冬の寒さが訪れると休眠期に入り、芽の成長を抑制してエネルギーを蓄えます。このメカニズムによって、冬の寒さから芽を守ります。その後、休眠した芽の発芽にはある程度の寒冷期間が必要です。この寒さの条件は品種によって異なりますが、〇～一四度が寒冷とされ、最適温度は七度です。また、休眠芽の発芽は一定時間以上の寒さが蓄積された場合にのみ行われます。一般的に発芽には一〇〇～二五〇時間の寒冷期間が必要と言われています。また、冬の寒冷な気温は、ハエなどの害虫や病気の発生を抑制する効果もあります。

しかし冬の気温がマイナス五度以下で七日以上続くと、オリーブの木はダメージを受けます。気温がマイナス一〇度以下になると、それがわずか数時間でも深刻な影響を受け、木の地上部全体が枯れてしまうこともあります。

逆に寒さが十分ではなかった場合、木は春の到来を感じることが出来なくなり、休眠期が長引き成長システムが遅れます。蕾が異常に落ちたり、開花がばらついたり、結実が不十分になることがあります。それゆえ寒冷期がなく、寒暖差の少ない亜熱帯地方ではオリーブの木を育てることが難しいのです。

オリーブには、この年間の寒暖差に加え、朝晩の寒暖差も必要です。夜間の低温は、オリーブの実の成長を制御し、オリーブの実の成分〈特にポリフェノール類〉の安定性を向上させます。その結果、実の香りや辛みの強い高品質のオリーブの実が育ちます。つまりオリーブの実の品質は気温にも大きく依存するのです。

数年前までオリーブ栽培の北限は南フランスと言われていましたが、近年の気候変動によりオリーブの栽培地域は北へ上昇しています。一方、これまでの栽培中心地域においては温暖な冬、雨の多い穏やかな春、六月に集中する高温により、オリーブの結実が阻害され、花や実が落下し、木の病害、特に害虫のオリーブミバエ、クジャクの目と呼ばれる病気やカビの発生が助長されるなど、様々な問題が深刻化しています。

オリーブの一年

オリーブ畑というと、グリーンのオリーブの実が豊かに実っているイメージが強いかもしれません。しかし、クオリティの高いエキストラバージン・オリーブオイルを作る生産者は、健康で品質の高い実を育てるために一年中オリーブ畑を見て回り手入れをしています。

ここではオリーブ畑の一年間の流れを紹介します。

春〈花と受粉の時期〉北半球三月〜六月末・南半球九月〜一一月末

●花

冬の間休眠していたオリーブの木は、二〜三月にかけて成長が回復し始めます。枝に新しい薄緑色の葉が沢山つく最も美しい時期です。灌漑を引いている畑の場合は水やりが始まります。

五〜六月中旬には白いオリーブの花が咲き始めます。花の蕾は一〇〜四〇個と束になって、一つの花序〈花の咲く部分〉に群生するように芽吹きます。開花するためには気温が一五度前後であることが必要です。気温が低すぎると開花しにくくなり、逆に高すぎると花が枯れてしまう危険性があります。

開花後、一定期間が経つと小さな実がつき始めます。この着果数はその年に収穫可能な実の量を予測するための重要な指標となります。

オリーブの木は風媒花のため、多く結実させるには受粉の時期に乾燥した強い風が必要です。受粉の時期に多雨や高湿度の地域はオリーブの栽培に適していません。ただ、理想的な気候条件下でも受粉は難しく、受粉して実になるのは花の二〜三％程度です。

この時期に大雨で花が落ちたり、暑さで花が枯れたりすると収穫量に影響を及ぼします。実際、二〇二三年三月、花が咲く時期にスペインでは四〇度の気温が何日間も続く異常気象を記録し、暑さで花が焼けてしまう被害が起こり、生産量が大幅に減少するという深刻なダメージを受けました。

●自家受粉と他家受粉

オリーブは品種によって、同じ木の花粉で受粉する自家受粉〈auto fertile〉と、他の木の花粉で受粉する他家受粉〈auto sterile〉があります。基本的には自家受粉が多いのですが、他家受粉の場合、受粉を助けるために花粉が飛びやすく受粉しやすい交配種が必要です。そのため他家受粉の品種の畑には一定の間隔で交配種が植えられています。

自家受粉として知られているのは、ピクアル、タジャスカ、フラントイオなど。他家受粉として知られているのは、チェリニョーラ、コラティーナ、モライオーロ、ペンドリーノ、コッレジョーロなどです。交配種としてビアンコリッラやレッチーノが有名です。また、コラティーナとモライオーロは互いに交配し合うため、二種一緒に植えられています。

因みに他家受粉によって交配種の品種の花粉がついても、オリーブの実自体は元の木の特性となります。交配種の遺伝情報は種のみに含まれ、果肉には影響しないからです。

夏〈実の成長の時期〉北半球六月末〜八月・南半球一二月末〜二月

●実の成長

六月末～七月にかけて花冠が枯れ落ち、子房〈めしべの下の端の膨らんでいる部分〉が膨張し、徐々に果実が形成され始めます。この時期、果肉はまだ小さいものの、内部では活発に成長し続けています。

七月になると、種子を固めるために果肉の成長が一旦止まります。種子の形成にエネルギーを集中させるためです。種子が一定の固さに達すると、すぐに実の成長を再開します。

オリーブの実の成長期は最もデリケートな時期の一つです。健康で高品質の実が育つように、生産者はあらゆる瞬間が規則正しく行われているかを細心の注意を払って丹念に確認します。

●成長期の剪定

剪定〈枝や幹を切り取る作業〉は成長期と冬の休眠期に行います。この時期は主に果実の成長の妨げになる枝の剪定をします。

オリーブには雄と雌と呼ばれる枝があります。上にまっすぐ伸びる枝は雄、外側に向かって横に成長する枝は雌です。雌の枝は毎年結実しますが、雄の枝は初年度に実をつけたら後は結実しません。そのため、一度実をつけた雄の枝はそのまま残しておくと栄養分を吸い取るだけのため、七〜八月にかけて剪定します。

●雑草の刈り取り

雑草はオリーブの木に必要な栄養や水分を奪い、害虫や病原菌の温床になるリスクがあります。ＥＵ法ではオリーブの栽培に使用出来る農薬が厳しく制限されています。特に除草剤と防虫剤は厳しく管理されています。

それでなくても、志の高い生産者達は農薬による土地の劣化を嫌うため農薬は使用しません。木の周りの土を耕して雑草の根を切断し害虫などを駆除しています。耕すことで土壌が柔らかくなり水はけもよくなるため、根の近くに水が溜まり根腐れを起こすのを防ぐ効果もあります。

●害虫駆除

この時期最も注視しなければならないのは、オリーブの天敵オリーブミバエです。大きく柔らかく成長した実にハエが卵を産みつけようとします。孵化した幼虫は実を食害し破損させます。ハエに侵食された実からはエキストラバージン・オリーブオイルは作れません。しかしクオリティにこだわる生産者は農薬を使用しないため、手間と時間をかけてハエ対策に取り組んでいます。

よく使われるのは、原始的な方法ですがハエトラップと呼ばれるハエ取りボトルを木に吊るしてハエを駆除する方法です。

まず、ハエトリシートを木に吊るしてハエの発生状況を観察します。毎年オリーブオイル・コンペティションで数多くのゴールドを受賞するシチリア州の生産者は、各畑の一部の木にハエトリシートを取り付けてハエの発生を確認し、ハエが一匹でも確認されると全ての木に手作業でハエトラップを取り付けるのだそうです。ハエトラップには、ハエの雌も雄も誘引する発色性〈黄色〉トラップと、雌だけをフェロモンで誘引して捕獲するトラップがあります。普通の虫はトラップには入らず、オリーブミバエだけが誘引されます。誘われたハエはトラップの中に入り、中の希釈液に浸かって駆除されます。

他にも、少量の薄く希釈した石灰を木の根元付近に塗りハエを寄せつけないようにする方法があります。石灰は雨が降れば流されてしまう程度のわずかな量しか塗らないため、雨が降るたびに石灰を塗り直します。

トルコではオリーブ畑にイチジクの木を数本植えていました。イチジクの甘い香りがハエを寄せつけるのだそうです。イタリア北部の生産者は、ハエ対策用に透明の網を木にかけていました。コストはかかりますが、オリーブの木にも環境にも優しい方法です。

秋〈収穫の時期〉北半球九月中旬～一二月・南半球　三月中旬～六月

●収穫時期

北半球の多くの地において九月中旬以降はオリーブの収穫期です。収穫はオリーブオイル生産全体の中で最も重要な瞬間です。多くの場合一二月まで続きます。

北半球において最初に収穫が行われるのは、イタリアのシチリア州とスペインのアンダルシア地方です。この二つの地域は、その年のオリーブの収穫量とクオリティの指標的な役割を果たします。その後、収穫地域は桜前線のように徐々に北上し、一〇月頃にトスカーナ州とプーリア州が収穫期を迎え、さらに北部へと移行します。

因みにイタリアで最も生産量の多いプーリア州は、シチリア州と緯度が同じくらいのため同じ時期に収穫すると思われがちですが、冷たい水温のアドリア海に面する地形的な影響により、収穫時期は一〇月に入ってからとなります。

●雨と風

収穫期というデリケートな時期の大量の雨と強風はオリーブに悪影響を及ぼします。

この時期の大量の雨の問題点は、夏の激しい脱水状態の後、オリーブの実が急激に水分を吸収し、その結果、実の重量が一気に倍増することです。水分を多く含む実は、発酵したりカビが生えたりするリスクがあります。また、この急激な変化はオリーブの茎に大きなストレスを与え、茎は脱水状態に陥り、十分な水分補給、弾力性、強度を回復するのに時間がかかります。雨や風に対して剥離抵抗力〈実が枝にしっかりついている強さ〉が低い、または中程度の品種では、実が異常に落下する可能性があります。

一方で、この時期の適度な雨はメリットがあります。

少量の雨は、リポキシゲナーゼ[*1]などの酵素の働きを活発にし、アルデヒドなどの芳香成分となる揮発性化合物を生成します。この芳香成分はエキストラバージン・オリーブオイルとして望ましい青草の香りやフルーティーな香りの主成分となります。

近年の深刻な干ばつと高温の影響で、実の飽和脂肪酸のレベルが異常に高くなる傾向があります。植物がエネルギー効率を優先し、不飽和脂肪酸よりも飽和脂肪酸を多く合成する傾向があるためです。この結果、芳香成分の生成に必要な不飽和脂肪酸が不足し、香りの質が影響を受ける可能性があります。

但し、この時期の適量の雨は、エキストラバージン・オリーブオイルにとってマイナスよりもプラスの方が多いのは確かです。

冬〈栄養保存の時期〉北半球一二～二月・南半球六～八月

●休息期の剪定

オリーブの木にとって冬は、次のシーズンに向けて成長を休止する重要な休息期間で、剪定を行うのに最適な時期です。

剪定の基本は、太陽の光と涼しい空気が通るように、葉の周りを明るくしておくことです。

オリーブの木は、手の平を広げた形〈手の平を上に向け丸く開いた時の五本の指の形〉に剪定するのが理想とされています。このように剪定することで木の内側まで万遍なく日が当たり、風通しがよく光合成が活発になり、木の成長を促進させます。高さも抑えられるため、収穫もしやすくなります。雄の枝が縦に沢山伸びている背の高い木はあまりよい木ではありません。雌の枝が横に広がっている木がよい木です。

余談ですが、イタリアでは剪定選手権があります。スピードではなく、正確に剪定

剪定されたオリーブの木

すべき枝を見極め、最良な方法でカットする技術を競います。
私の知り合いにイタリア国内剪定選手権で優勝した人がいます。ただ、オリーブの剪定は年間の限られた時期にしか行わないため、本職は消防士です。毎年剪定を続けるうちに選手権に出るほどの腕前になったそうです。

収穫のタイミング

オリーブの実にはグリーンとブラックの二種類が存在すると思っている読者の方もいらっしゃるかもしれません。実は私もその一人でした。

オリーブは他のフルーツと同じように、実

が育ち始めると最初は鮮やかなグリーンですが、しばらくするとイエローに、そして薄いバイオレットからダークなバイオレットへと熟成に従い色が変化します。完熟するとブラックになり、最後は木から落ちるか枝についたまま枯れます。つまりグリーンとブラックの違いは熟成度の違いによるもので、種類が異なるわけではありません。

また「早摘み」や「遅摘み」といった言葉を聞きますが、エキストラバージン・オリーブオイルを作るための理想的な収穫のタイミングは一度きりです。「早摘みのオイルだからクオリティが高い」という誤解もありますが、早摘みはクオリティを保証するものではありません。

早摘みはエキストラバージン・オリーブオイルを作るための必須条件ですが、早摘みであれば必ずクオリティが高くなる訳ではありません。早摘みでもオリーブの実の品質が悪かったり、搾油の仕方がよくなかったりするとクオリティが悪くなります。

しかし、この収穫のタイミングはオリーブオイルのクオリティに最も大きく影響します。収穫のタイミングによって、仕上がりのエキストラバージン・オリーブオイルの香りや辛み、苦みなどの官能特性、抗酸化

グリーンからブラックに熟成度により
オリーブの実の色が変化

成分の含量、搾油量が決まるからです。一年かけて健康なオリーブを育てても、収穫するタイミングがずれると台無しになります。

ＩＯＣでは、エキストラバージン・オリーブオイルの収穫のタイミングの目安として、実の熟成度が五〇％を大幅に超えてはいけないと推奨しています。

但し、コンペティションで受賞するハイクオリティなオイルの生産者は、ＩＯＣの目安よりさらに早く、熟成度が三〇〜四〇％ぐらいのタイミングで収穫します。オリーブの実の色で言うと、一〇〇個くらいのグリーンの実の中に一〜二個、バイオレットの実が交じり始めるタイミングです。

なぜこのタイミングなのでしょうか。

香り、辛み、苦みなどの官能特性、抗酸化成分の含量が最も多いタイミングだからです。

成長期の初期の段階のオリーブの実は鮮やかなグリーンです。実の中では活発で速い細胞分裂が始まり、細胞が大きくなります。この段階で何らかのストレスがかかるとオリーブの実の大きさが著しく損なわれます。

グリーンの実はクロロフィル含量が高く、光合成が活発に行われます。光合成で合成された糖の一部が代謝経路に取り込まれ脂肪酸の合成に利用されます。中果皮〈果肉〉

の細胞が肥大し、実の細胞内に油滴が蓄積されます。実のオイル成分は遺伝的に最も制御されている要素の一つですが、水分や栄養分がどれだけあるか、樹齢、実の負荷、気候条件などにも影響されます。

実が成熟するにつれて、実の中に脂肪酸の割合が増えオイルの含量が高まります。脂肪酸の合成が最大になるのは、開花後六〇日～一二〇日の間です。

同じく実が成熟するにつれて香りの元となる芳香成分、辛みや苦みの成分であるポリフェノールも活発に生成されます。オイルの含量は成熟とともにゆっくりと増加し続けますが、芳香成分やポリフェノールの含量は実が一定の成熟度に達するとピークに達します。実がグリーンから薄いバイオレットに変わる頃です。その後、成熟が進むにつれて含量は減少します。

ピークに達した後の実は張りを失い、呼吸活動は著しく低下します。アルデヒドやアルコールに変わって純度の高いテルペンなどフルーティーな甘い香りの芳香成分が増加します。この熟した実で過剰に蓄積されるテルペンなどの芳香成分は、エキストラバージン・オリーブオイルとしては必ずしも望ましいものとは限りません。熟成した香りが強まり、香りが重くなったりフルーティーさや新鮮さが失われたりします。香り全体のバランスも悪くなります。

さらに熟成が進むと実は完熟しブラックになります。このブラックオリーブの実は柔らかくて搾りやすく、大きさも大きく成長しているため搾油量が増えます。しかし、オリーブ特有の香りやポリフェノールはほとんど失われ、代わりに酸化臭が発生し、粗悪なオイルになるリスクが高くなります。

つまり、グリーンの実から作られるオイルは、香りもポリフェノールも豊富でクオリティは高くなりますが、搾油出来るオイルの量、歩留率は少なくなります。一方、ブラックオリーブの実からはオイルの量は多く取ることが出来ますが、香りやポリフェノールなどはほとんど無くなります。

コンペティションで受賞するような生産者は、クオリティを重視するため、グリーンの実のみを搾油します。そのため歩留率は六~八%と低くなります。一方、一般的に安価で流通しているオリーブオイルは、ブラックオリーブの実から作られ、歩留率は二〇%を超えるとも言われています。ハイクオリティなオイルの生産者は量を犠牲にしてもクオリティを優先しているのです。

ただ、実際にこのベストの熟成タイミングで収穫することはとても大変なことです。一つはポリフェノールのピークのタイミングが非常に短いからです。土地や樹齢、果実の負荷、気候条件などによって熟成度は変わります。さらに品種によって熟成のベストタイミングが異なります。通常、生産者は何種類かの品種を育てていますので、品種ごとにタイミングを見極めなければなりません。

収穫時期を迎えると、生産者は日に何度かオリーブ畑を見回り、オリーブの実の熟成度をチェックします。実を出来るだけ熟成させたい一方で、収穫直前に大雨が降るとクオリティが低下する恐れもありますので、天気予報を毎日確認しながらベストの収穫日を決めます。

日が決まると、待機していた数十人からなるチームが一斉に畑に出て一気に収穫します。生産者は広大な畑に何万本ものオリーブの木を所有しています。収穫中も実の熟成は進みますので、全てを計算し、どこから収穫を開始するか見極め、一気に素早く収穫する必要があります。

シチリア州の生産者は、総勢三〇人強の人数をエリアごとに四つのグループに分け、一〇日間から二週間で二万二〇〇〇本の木を一気に収穫します。特にＤＯＰ〈原産地呼称保護の略。詳細は一九〇ページ参照〉に指定されている原品種トンダ・イブレアは、この品種だけを最初に三～四日かけ集中して収穫し、すぐ搾油します。

収穫方法

オリーブの実の収穫の方法は、大きく分けて手摘みと機械を使う方法の二つがあります。

手摘み

手摘みは最も伝統的な収穫方法です。

グリーンの実は木にしっかりとついているので、軽く触れたぐらいでは落ちません。手袋をして、実と実の間に指を入れ引き抜くようにして実を落とします。高い枝に実がついている場合は、梯子に上って摘みます。木に負担をかけないように梯子は木製のものを使用します。

木の下には網が敷かれ、その上に実を落

木製の梯子に上り手摘みで収穫する風景

とします。最後に、網の上に落ちた葉や枝は手作業で取り除き、実のみ通気性のよいカゴに入れます。

また、先端がコームと呼ばれるクシ型の器具で木を挟んで枝に振動を与え、実を振るい落としたりしますが、この小型の手動式機械のコームは手摘みに分類されます。イタリアでは、オリーブ農園の約二〇%が完全な手作業のみ、六〇%が手作業と手動式コーム、残りの二〇%は機械によって収穫が行われています。

機械式

クオリティを考えると実や木を傷つけない手摘みが理想的ではありますが、多くのオリーブ生産国では、生産コストの観点から収穫の機械化が重要だと考えられています。

機械式では大型のトラクターで幹を揺らし、逆さに傘を開いた形状のアーム〈逆さ傘〉に落として収穫します。効率がよく人件費も抑えることが出来ます。スペインのような広大な平野のオリーブ畑では大型機械を使って収穫することが一般的です。

大規模なオリーブ農園では、様々なタイプの木の幹を揺らす機械式シェイカーやビーター〈シェイカーは幹全体を揺らして一度に多くの実を落とすのに、ビーターは微細な振動で小さな木や狭い場所の実を落とすのに適している〉を使った収穫機の開発が進められてきました。また、過去二五年間で超集中型オリーブ栽培〈後述〉が増え、大量のオリーブを素早く収穫出来る掘削機〈油圧ショベル〉の開発も進んでいます。

イタリアのペルージャ大学では、異なるオリーブ収穫方法と貯蔵期間のオリーブの実への影響を研究しました。完全な手摘みによる収穫と手動式コームを用いた収穫、機械式シェーカー＋逆さ傘による収穫と油圧ショベルによる収穫の比較した研究です。報告では、完全な手摘みによる収穫がオリーブの実へのダメージが最も少なく、シェイカーと逆さ傘が最も実にダメージを与えました。さらに貯蔵期間中の実の劣化スピードも速くなることが示されました。総ポリフェノール量は実の損傷程度と負の相関があり、オリーブオイルの芳香成分である揮発性化合物〈アルデヒド、アルコール、エステル、ケトン〉も収穫方法と貯蔵期間の両方に強く影響されました。つまり、収穫方法の違いによる収穫時の実の損傷が、オイルのクオリティ劣化の主な要因となることが示されたのです。

このような理由からも、ハイクオリティなエキストラバージン・オリーブオイルを目指す生産者の間では実を傷つけないように手摘みでの収穫が主流になっています。

オリーブ農学士

オリーブ農学士という名称は日本では聞きなれないかもしれませんが、イタリアやスペインなどオリーブ生産国では誰もが知る名称で、大学や研究機関の農学分野にオリーブの農学士号〈PhD〉があります。

オリーブ農学士は、オリーブを栽培する土壌分析、栽培、品種改良、病害管理、オリーブオイルのクオリティ向上など、オリーブに関する高度な専門知識と研究実績を持っています。大学や研究機関での研究に従事しつつ、生産者への技術指導者も行っています。

私の知り合いに、畑の購入前の土壌を分析し、その土地にあった品種を選定して栽培から搾油まで指導し、三年で世界中のコンペティションでゴールドを総なめさせたという驚きの成果をあげた有名な農学士がいます。ハイクオリティなオリーブオイルの生産者には、必ずこのような農学士がついています。

オリーブの栽培方法

主なオリーブの栽培方法について紹介します。栽培方法は大きく分けて、伝統栽培〈olivicoltura tradizionale〉、集中型オリーブ栽培〈coltivazione intensive di olivo〉、超集中型オリーブ栽培〈impianto di uliveto superintensivo〉の三つがあります。

伝統栽培

植栽の密度が低く、一ヘクタールあたり二〇〇本未満です。多くの場合、起伏のある丘陵地帯に見られます。

オリーブの木、一本あたりの生産性は高いですが、一ヘクタールあたりの生産性は低くなります。イタリアは南北にアペニン山脈が通り、山地や丘陵地帯が多いという地形の関係から、この栽培方法が中心的と言えます。

通常、伝統栽培を中心とする地域はイタリアのような山地や丘陵地帯に多いため大型機械は使えず、小型機械〈ユンボ〉で木々の周囲を耕し、収穫は大半が手摘みです。何世代にもわたって畑を引き継ぎ栽培している地域も多く、長い年月をかけて環境に適応しながら生き抜いてきたオリーブ木は、気候変動や自然災害の影響をその他の栽培方法に比べて受けにくく、安定してクオリティの高いオリーブの実を収獲することが出来ます。

集中型オリーブ栽培

一九六〇年代以降、オリーブオイルの人気の高まりとともに世界各国の生産者間の競争が激化し、より高い収穫量と革新的な収穫の機械化、大型化による集中型オリーブ栽培が出現しました。

集中型の特徴は密度の高さです。一ヘクタールあたり二五〇〜四〇〇本のオリーブの木を栽培します。地面に沿って水管を配置し、各オリーブの木に水分と栄養分を届ける灌漑システムが設備されます。もしくは大型機械で水を撒きます。収穫は、整然と並ぶオリーブの木立の間を機械が通って行います。人件費が大幅に抑えられ、生産性と収益性が高くなります。

集中型は次に紹介する超集中型ほど規模の大きくない農園が導入している方法で、一部伝統栽培を組み合わせています。

超集中型オリーブ栽培

主にスペインで見られる栽培方法です。収穫のコスト削減と効率の点で最も進化しています。超集中型は密度が非常に高く、一ヘクタールあたり六〇〇～一六〇〇本のオリーブの木を栽培します。

超集中型では木々の間を狭くして均等に壁のように並列に配置した木から、機械を使って効率的に実を収穫します。木々が均等に配列されることで、必要な栄養分、水分、光が互いに競争することなく得られるため成長が早く進みます。また超集中栽培では木々が比較的小さなサイズで育成されることが多いため、植樹から搾油に至るまでの期間も短く収穫率が高くなります。このため超集中型オリーブ栽培は、経済的な面から最も効率的な方法とされています。

大量生産型のオイルが大半ではありますが、必ずしもクオリティが犠牲になるわけではありません。コンペティションで受賞するオリーブオイルの生産者には、超集中型オリーブ栽培をしている人も一部存在します。

世界のオリーブ栽培はこの三〇年の間に、効率性やコスト面を重視する集中型栽培や超集中型栽培が主流になりました。

しかし昨今、超集中型栽培は気候変動や温暖化の多大な影響を受け、生産量が大幅に減少しました。様々な要因が考えられますが、一つは密集させて栽培するため、木の根が十分に張らず、木が早く弱るなど超集中型栽培の悪影響が指摘されています。加えて、伝統栽培ではオリーブの木は通常、自然の雨水で育ちますが、大量の水を必要とする超集中型栽培は雨水だけでは足りないため、地下水を汲み上げる灌漑設備が作られます。結果として、集中型や超集中型の栽培方法を長年続けると木や土壌、周囲の環境への負荷が大きく、将来的に生産量が減少するリスクがあると考えられています。

多くの研究者が超集中型栽培に関する否定的な論文を発表しています。その結果、伝統栽培は自然と共存する栽培法として世界的に再注目されるようになってきました。

現代の生産者は、オリーブオイルの生産性の向上とともに、持続可能性、環境への配慮を重視し始めています。特にハイクオリティなエキストラバージン・オリーブオイルの生産者は自分だけでなく、何世代後も同じ土地で長くオリーブを栽培し続けることを見据えています。目の前の収穫量も大切ですが、持続可能性を考慮して環境に優しい栽培方法を検討していく必要があります。

消費者の需要を満たすと共に、自然と環境に優しく効率的な栽培方法が提案され、世界各国で導入されることを願っています。

＊1 **リポキシゲナーゼ**　リポキシゲナーゼ経路で生成される揮発性化合物は、フルーティーな香りや青い草の香りなど、オリーブオイル特有の風味を形成する。その一方で過剰なリポキシゲナーゼ活性はオイルを酸化しクオリティ劣化につながる。

第4章

オリーブオイルの搾油工程

第三章の「オリーブ畑」で説明したように、エキストラバージン・オリーブオイルを作る上で健康なオリーブの実は必要不可欠です。エキストラバージン・オリーブオイルはワインのように発酵などの工程がなく、オリーブの実をそのまま搾ってオイルにしているだけです。原料であるオリーブの実のクオリティが、エキストラバージン・オリーブオイルのクオリティの上限を決めることになります。そのため生産者は一年間かけて丁寧にオリーブの実を育てます。

しかし、いくら完璧な健康なオリーブの実が出来たからといっても、必ずしもエキストラバージン・オリーブオイルになるわけではありません。搾油工程に問題があれば当然エキストラバージン・オリーブオイルになることが出来ません。

イタリアでは、搾油工程をトラスフォルマツィオーネ〈移行〉と言います。加工ではなく移行です。エキストラバージン・オリーブオイルとはまさにオリーブの実がオイルという形に変わっただけなのです。そのため搾油においていかに大切なことはいかにオリーブの実をそのままオイルにするか、失う部分を最小限に、いかに全てを残してオイルにするかです。

本来、健康なオリーブの実は香りや辛み、栄養素などが完璧なバランスで成り立っています。しかし、搾油に何か問題があればそのバランスを崩してしまいます。例えば、香りがないのに辛みだけが強い、あるいは香りがあるが辛みがないなど、健康なオリーブの実ではあり得ないバランスの悪いオイルになってしまいます。つまり、オリーブの実がたとえ完璧であっても、搾油で問題があればオイルのクオリティが下がったり、ディフェクトのあるオイルになってしまったりするのです。

また、搾油中の粉砕や撹拌といった工程は、芳香成分の生成およびポリフェノールのオイルへの移行プロセスに直接関与します。

ここまでエキストラバージン・オリーブオイルは「オリーブの実を搾っただけのオリーブジュース」とわかりやすく説明してきましたが、厳密にはエキストラバージン・オリーブオイルの香り〈フルーティーと称される様々な植物の香り〉は、搾油前の原料のオリーブの実の香りそのものではありません。エキストラバージン・オリーブオイルとして好ましい香りの主要な芳香成分は、粉砕、撹拌といった搾油過程で活性化される酵素の働きによって生成されます。

辛みや苦みの要因となるポリフェノールもそのままではオイルに移行出来ません。搾油過程に活性化される酵素によって構造を変えることでオイルの中に移行することが出来ます。抽出されるオイル量も搾油時の温度や時間管理によって大きく変化します。

つまり搾油工程は、オイルの抽出量だけでなく、エキストラバージン・オリーブオイルのクオリティを決定づける香りと辛み、苦みといった官能特性を最終的に決定する非常に重要な工程なのです。

この章ではこの重要な搾油工程について説明します。

搾油工程

オリーブの搾油工程は非常にシンプルです。古代から今日まで基本的な工程は変わっていません。かつては石臼を使っていたものを、現代では遠心分離機を使っていたりしますが、これも圧力をかける工程を、遠心力に置き換えただけで基本的な原理は同じです。オリーブの実を「砕いて〈粉砕し〉」「練って〈攪拌し〉」「搾る〈搾油する〉」だけです。

しかし、シンプルだからこそ各工程が重要になります。

＊エキストラバージン・オリーブオイルと、搾油後精製処理を行うオリーブオイル〈狭義〉では、搾油の目的や原理が異なります。本章ではエキストラバージン・オリーブオイルの搾油工程のみをお伝えいたします。

①搬入

オリーブの実は収穫後すぐに搾油所に運ばれます。なぜならオリーブの実は枝から離れると脂肪酸の遊離が始まるからです。遊離の次は酸化に変わり、酸化すると酸化熱と言われる熱を発生し、酸化熱がさらに酸化を促進します。酸化が進むと香りや風味、栄養価も低下し、クオリティが劣化します。この酸化の悪影響を最小限に抑えるためには、収穫から搾油までの時間を極力短くすることが重要です。

IOCの基準ではエキストラバージン・オリーブオイルを得るには、収穫後一二時間以内に搾油することが推奨されています。しかしコンペティションで受賞するレベルの生産者は、収穫から三時間以内、最大でも六時間以内に搾油します。搾油所が畑に近ければ近いほどよりクオリティの高いエキストラバージン・オリーブオイルを作れる可能性が高くなります。

収穫した実は、気温や酸化熱によって酸化が加速されないよう通気性のよいカゴに入れて運ばれます。ハイクオリティなオイルな生産者は、日中の暑い時間帯ではなく、早朝か、気温が下がる夕方に収穫を始め、夜間に搾油所に運んですぐに搾油します。

離れたところに搾油所がある場合は冷蔵車で運んだりします。それほどオリーブの実にとって熱は大敵なのです。

②洗浄

搾油所に運ばれるオリーブの実には葉や茎、小枝などが混在しています。搾油前に葉や茎、小枝を取り除き、実についた泥や土を清潔な水で洗い、不純物をしっかりと取り除きます。

通常はオリーブの実をベルトコンベアの上に乗せて自動洗浄しますが、近年では実が機械と接触して損傷しないように、下から空気を吹き込んで水中に浮遊させながら、ミストシャワーで洗浄する機械も開発されています。

不純物を除去せず搾油すると、オイルのクオリティが劣化します。特にエキストラバージン・オリーブオイルは実を搾るだけで、その後精製処理などを一切行わないため、この洗浄工程はクオリティを左右する重要なステップです。

洗浄後のオリーブの実はそのまま自然乾燥させますが、オートメーション化されている場合は、洗浄後すぐに次の工程に運ばれるため乾燥時間がないこともあります。

③粉砕

粉砕はイタリア語でフランジトゥーラと呼びます。

洗浄された実を粉砕しオイルペースト〈グラモラータ〉を作ります。

品種によって実の形・大きさ・熟成度が違うため、粉砕時は実の形状に合わせて機械の刃や回転速度・温度・時間を調整します。

二～三〇年ぐらい前までは、古代からあまり変わらないモラッツァと呼ばれる花崗岩の石臼を使って行っていました。刃の付いた石臼を回転させてオリーブの実を砕き、ペースト状にする方法です。石臼の回転数が少ないため搾油中に温度が上がりにくく、また機械に触れないためメタル臭もつかず、機械の騒音もありません。しかし、温度管理が出来ないこと、常に酸素と接触しているため抽出前から酸化してしまうこと、時間がかかることなどの理由で今はほぼ使われていません。

近年はハンマークラッシャーと呼ばれる粉砕機が用いられています。

オリーブの実は洗浄機からベルトコンベアを通じて直接粉砕機に運ばれ、そこからは搾油まで一切空気に触れない真空状態で進みます。高速で回転する刃の衝撃によって、オリーブの実は短時間で粉砕されペースト状になります。この方法により酸化を抑えながら短時間でペースト状にすることが出来るようになりました。

粉砕工程はオイルのクオリティに影響を与えます。ハンマークラッシャーの回転速度が高く粉砕機の容量が小さいほど抽出効率が向上し、クロロフィル含量、総ポリフェノール含量、特に抗酸化力に寄与する特定のポリフェノール成分〈3,4-ジヒドロキシフェニルエタノール-EDAやp-ヒドロキシフェニルエタノール-EDA〉が増加することが研究によって報告されています。

④撹拌

撹拌はクオリティの高いエキストラバージン・オリーブオイルを生産する上で重要な工程です。

粉砕されペースト状になった実は、グラモレと呼ばれるステンレス製の真空タンク内で撹拌〈グラモラトゥーラ〉されます。

最初、オイル成分は三〇ミクロン以下の小さな油滴としてペーストの中に分散して存在していますが、ゆっくりとペーストを撹拌することで油滴同士が合体し、より大きな油滴となりペーストからオイルが分離しやすくなります。

ブドウをつぶすと糖分を含む果汁がすぐに流れ出ますが、オリーブはオイルが小さな油滴としてペースト中に分散されるため、粉砕しても流れ出ずペースト内に留まります。そのため撹拌で油滴を集めることで多くのオイルを抽出することが出来るのです。

撹拌中オリーブの実に含まれる酵素も活性化され、芳香成分となる揮発性化合物が生成されポリフェノールの構造変化が起こります。特に、リポキシゲナーゼ酵素が活性化されることで、オリーブ実に含まれる脂肪酸の一種、リノール酸やリノレン酸を前駆体とする炭素数五または六の揮発性化合物が生成されます。この芳香成分がオリーブオイル特有の望ましい香り、グリーントマトやアーティチョーク、グリーンアーモンドなどの主要成分となります。

またオリーブの実に含まれるポリフェノールは、酵素系が活性化されて化学反応〈カスケード反応など〉が起き構造が変化することで、オイルに移行出来るようになります。

例えば、オリーブの実に含まれる代表的なポリフェノールにオレウロペインがあります。オレウロペインは分子構造中に糖を含む配糖体の中でも水溶性が高く、そのままではオイルにほとんど溶解しません。しかし撹拌によって活性化されたβ‐グルコシダーゼ酵素によってオレウロペインの糖が分解され、よりシンプルなアグリコン型に変化します。その結果、オイルに溶解出来るようになります。

粉砕工程と同じく、撹拌工程で重要なのは温度と時間の管理です。温度は二六～二八度、時間は粉砕から撹拌まで合わせて通常十五分～二十分程度が最適とされています。

⑤搾油

粉砕、撹拌したペーストには、オイル、水分、搾りかすが混在しています。搾油はこのペーストからオイルを抽出する工程です。イタリア語では、エストラツィオーネ・チェントリフガと呼びます。

二～三〇年ぐらい前までは、フィスコロと呼ばれる籐製か合成樹脂で出来た円盤状の網を用いてオイルを抽出していました。ペーストをフィスコロの上に広げ、ミルフィーユ状に何枚も積み重ね、上から圧力をかけて搾っていました。

ただこの方法は現在ではほぼ使われていません。なぜなら、一連の作業が空気に触れながら行われるため、空気中のあらゆる汚染物質、におい、ほこり、汚れ、残留物がオイルに定着しオリーブのクオリティを下げるからです。フィスコロの洗浄も大変で、少しでもフィスコロに汚れが残っているとオリーブのペーストも汚染する可能性があります。使用する度に完璧に洗浄しなくてはいけないのですが、実際に行うのは大変難しいのです。

今はほぼ全ての生産者が遠心分離法を使っています。粉砕し撹拌したペーストを遠心分離機にかけ、オイル、水、搾りかすを比重の差によって分離する方法です。粉砕、撹拌、遠心分離機、オイル抽出まで、全ての機械は連結されており、密閉された真空状態の中で連続処理されます。空気に触れないため酸化を防ぎます。

二〇〇〇年代に入り二層式遠心分離機が広く使われるようになったことで、オリーブオイルのクオリティが飛躍的に向上しました。二層式遠心分離機とはペーストからオイルと水分が含まれた搾りかすの二つに分離する方法です。最近ではさらに技術が進み、オイル、水分、搾りかすの三つに同時に分離する三層式遠心分離機も出てきています。

効率も搾油量も三層式の方がよいのですが、遠心処理する前にペーストに水を加えるため、水溶性の高いポリフェノールや芳香成分が水に溶出し、香り、風味、抗酸化成分が低下する。分離の過程で水とエネルギーを大量に使うため、環境負荷が高いなどマイナス要因が指摘されています。

昨今の研究でも、二層式で搾油したオイルの抗酸化物質の含量〈ＯＲＡＣ値〉は三層式よりも高いことが報告されています。このため、ハイクオリティなエキストラバージン・オイルを目指す生産者は二層式を選ぶ傾向にあります。二層式を使うことでより多くのポリフェノールを含んだクオリティの高いオイルを得ることが出来ます。また、悪天候によってオリーブの実に含まれるセコアルドイド〈苦みや辛み、香りに重要な役割を果たすポリフェノールの一種。特にその抗酸化作用がオリーブオイルのクオリティを高め健康効果に寄与する〉濃度が低下した場合、オイルのクオリティが劣化することが指摘されていますが、二層式で搾油されたオイルは高い抗酸化能力を保つため、こうした状況下でもクオリティの高いオイルを作ることが出来ます。

今やオリーブオイル作りはオリーブオイルのクオリティだけではなく、廃水処理費用の削減など環境も含めて全体の最適性を考慮する時代になりました。環境面からも二層式の方がよいとする生産者が多く、世界のコンペティションでゴールドを受賞している生産者達のほとんどは二層式を用いています。

因みに搾油直後、種子は砕けた状態で搾りかすに含まれています。この搾りかすから種子を取り出し、完全に乾燥させて自社の搾油所の燃料として使用したり、別会社に販売したりします。中には、自社の搾油所の燃料や肥料として使用し循環型経営をしている生産者もいます。

⑥濾過

抽出されたオイルのクオリティを時間を経ても出来るだけ安定させるための最も重要な工程が、濾過と沈殿分離です。

搾油したオイルには、果肉の有機物〈ペクチン、セルロース系／ヘミセルロース系多糖類、リグニン〉、粘液、パルプや石の破片、水分の残留など不純物が含まれています。この状態で放置すると、酸化酵素〈リポキシゲナーゼ〉による酸化、加水分解〈リパーゼ〉*1による酸度の上昇、嫌気性発酵*2現象による腐敗臭などクオリティが劣化する原因となります。これらの不純物を取り除き、微生物や酵素による分解や酸化を抑制するために濾過します。

通常は化学処理をしていないアコーディオン状のセルロース製ペーパーフィルターで濾過します。濾過したオイルはステンレスタンクで寝かせ浮遊物質を沈殿させます。この沈殿分離の期間は生産者によって異なりますが、少なくとも二週間ほどは寝かせます。濾過は微生物や酵素による変化を防ぐため、エキストラバージン・オリーブオイルの最も一般的な安定化作業です。

ただ、オリーブの収穫期には搾油工場の作業量が最も多くなるため、収穫後まで濾過を遅らせてオイルのクオリティ劣化のリスクを高めるか、すぐに濾過を行って作業量を増やすかの究極の選択になります。当然ですがコストや手間がかかっても、ハイクオリティなエキストラバージン・オイルを目指す生産者はすぐに濾過し、さらに沈殿分離します。

濾過と浮遊固形物と水分を含むオイルの官能特性である芳香成分の含量の三〇日間の変化を評価した研究があります。

どちらもスタート時は官能特性である香りは確認されていました。しかし、濾過していないオイルでは五日後にディフェクトが表れ、クオリティが低下し、濾過したオイルでは特定の揮発性リポキシゲナーゼ化合物が除去されオイルのクオリティを安定しました。さらに搾油直後に濾過したオイルは、遅れて濾過したオイルよりもクオリティ劣化のリスクを大幅に軽減したことが報告されています。

別の研究機関は、濾過によって細菌、真菌、酵母の負荷〈これら微生物の数〉は減少しますが、オイル中の微生物を全て除去することは不可能であると報告されています。しかし、ペーパーフィルターによる濾過後に存在する生菌は、水分不足のため一か月保存後のエキストラバージン・オリーブオイルでは生存しないとも報告されています。[*3]

●ノベッロ

ノベッロと呼ばれる搾油直後にフィルターで濾過せずボトリングしたフレッシュなオリーブオイルがあります。ノベッロは搾油後少し寝かせて不純物を沈殿させ、上澄みのオイルだけをボトリングします。しかし寝かせただけでは不純物を全ては取り除けないため、時間の経過に伴いボトルの底に澱が溜まります。そこから微生物による発酵が始まり、香りと風味が早く劣化します。そのためノベッロは賞味期限が短く、通常半年以内に消費する必要があります。それでも年に一回の搾りたてフレッシュオイルのノベッロは、市場におけるニーズが高いことも事実です。

⑦保管・ボトリング

抽出したオイルは、ステンレス製タンクで表面に窒素を吹いて保管します。窒素は容器内の酸素を著しく減少させ腐敗しにくくするため、食品保存に広く使われる保存方法です。

タンクは、搾油日ごと、畑ごと、品種ごとに管理されます。通常、搾油は複数回に分けて行うため、搾油回〈一回目、二回目など〉ごとにロットも分けて管理します。品質検査はロットごとに行われ、結果は保存されます。

管理の基準や方法については、各国の食品衛生法や生産管理に関する法律に基づき厳格に規定されています。オリーブオイルは法律によってロット番号や生産状況を表示する義務が課されており、消費者は製品に記載されているロット番号や製造日から製品の生産履歴を確認出来るようになっています。

出荷を待つ間、温度管理された室内でタンクは保管されます。オイルは発送が近づくと、必要な分だけボトリングされ出荷します。ボトリングする際、タンクの沈殿物がボトルに入らないように、オイルの抽出口はタンクの底から少し上についています。

DOPやオーガニック認証の鑑定書はタンクごとに発行されます。認証後、他のオイルが後継ぎ出来ないように封印シールが貼られます。ボトリングは正しく認証されたタンクからされることを確認するため、審査官の立ち会いの下で行われます。

エキストラバージン・オリーブオイルの搾油で大切なこと

冒頭でも説明したように、搾油工程で最も大切なことは、健康なオリーブの実をいかにそのまま何も失うことなくオイルという形に移行するかです。この移行を成功させるために最も重要なことは温度と時間の管理です。

様々な実験により、撹拌温度が高く、撹拌時間が長い方がオイルの抽出量が多いことは確認されています。しかし撹拌の温度が高く時間が長いと、オリーブの実の芳香成分やポリフェノールは失われオイルのクオリティが劣化します。逆に温度が低過ぎると、酵素が活性化されずポリフェノールや芳香成分が生成されません。

最新の研究と実験では、粉砕した実を素早く、しかも冷やしながら次の工程へ移し、二六～二八度、五～一〇分と短い撹拌段階を経て抽出する方法が、果肉組織の構造変化と得られるクオリティに与える影響を向上させることがわかってきました。

しかし最適な搾油条件は一つだけではありません。収穫時の外気温や品種、運ばれた時の実の温度、搾油までに経過した時間などによって細やかな調整が必要になります。

最近訪れたコンペティションで毎年受賞しているある生産者の搾油所は、三年前と全ての様相が異なっていました。搾油の時間をより短縮するために粉砕、撹拌、遠心分離機の全ての機械がコンパクトになっていました。

大きな搾油機は一度に多くの実を搾油出来ますが、その分搾油の時間がかかります。機械をコンパクト化すると、一度に搾油出来る量は少なくなりますが、時間を短縮することが出来ます。その生産者は、機械だけでなく、粉砕、撹拌、遠心分離機を繋ぐ管の長さまで短くして、かつ管の外側には冷却装置を付け温度が上がらないように工夫していました。その結果、粉砕からオイルが抽出されるまでの時間を以前の半分に短縮していました。

彼らのように機械をコンパクト化するとクオリティは高まりますが、人的負荷は増します。搾油の回数も機械の洗浄の回数も増えます。次々と運ばれてくるオリーブの実を速く搾油するため、片時も休む間はありません。搾油の期間中、生産者はほとんど徹夜です。しかしこういった一つ一つの工程の絶え間ない細やかな改善と気配りと工夫が、オイルのクオリティを向上させているのです。

搾油技術者〈フラントイアーノ〉

オリーブオイルの世界にはフラントイアーノと呼ばれる搾油に特化した技術者がいます。共同搾油所にも、個人の搾油所にも搾油技術者は必ずいます。

搾油技術者の仕事は、オリーブの実をオイルに完璧に移行するという繊細な作業です。そのためにはオリーブの実に対する深い知識と、正確に搾油機を操作する技術が不可欠です。

搾油技術者の歴史は古く重要な仕事です。その昔、搾油は手作業で、あるいは家畜を使って行っていました。現在はオリーブの実の洗浄から搾油まで、高度な機器が導入され、搾油機械はコンピューターでオートマティックに管理されています。しかし全ての工程が機械に委ねられているわけではありません。

オリーブの実は品種によって形状や大きさが異なります。粉砕時は種に刃が当たらないように実の形状に合わせて調整します。もし種が細かく砕け過ぎてしまうと種のえぐみが出てしまいます。また大きさや形状以外に実の硬さもそれぞれ異なります。搾油技術者は気温、周りの温度、収穫したオリーブの実の熟成度など見ながら刃の回転速度や攪拌時間、温度などを細かく調整します。搾油工程はシンプルであるがゆえに、このような微細な調整の積み重ねによってクオリティが変わるのです。これらの技術の習得には、長期間にわたる経験と訓練が必要です。

自ら搾油所も経営する搾油技術者で、彼が手掛けるオイルは必ずコンペティションで受賞するという凄腕のニコランジェロがいます。実際に少なくない生産者が、彼に搾油を依頼した年からコンペティションで軒並み受賞するようになりました。

彼はクオリティに対して厳しく、ある生産者は彼の搾油所まで距離があるので夜間に冷蔵車で運ぶように指示されたそうです。またある生産者は畑を見た段階で断られたそうです。

そんな彼に、

「オリーブの品種によって搾油の仕方が違うのでしょう？」

と尋ねたことがあります。この質問に対して彼は、

「それが決め手ではないよ。何も考えずに健康なオリーブの実を、とにかく一分一秒でも短縮しながら正確な温度で搾油する。それしかない」

と言っていました。彼の長年の経験によって生まれる回答なのだと思います。

搾油技術者は、オリーブの実が搾油所に運ばれるところからオイルを抽出するところ

まで、一連の工程を担当します。中にはニコランジェロのようにオリーブ畑にまで出向き、どのタイミングでどの畑から収穫するようにと指示する搾油技術者もいます。

ニコランジェロは自分の庭に様々な品種を育て、品種によって異なる収穫のタイミングと搾油方法を試作して研究しています。全てはクオリティの高いエキストラバージン・オリーブオイルを作るためで、これほど完璧主義の搾油技術者は滅多にいません。

受賞オイルの紹介をしていると、「どこのブランドの搾油機を使っているのですか?」と質問されることがあります。エキストラバージン・オリーブオイルのクオリティは機械のブランドから生まれてくるものではありません。抽出するオイルのクオリティは、オリーブの実を見て、選び、手で触れ、においを嗅ぎ、温度や回転数、使用するグリッドを決定し、調整するプロフェッショナルで深い知識を持つ搾油技術者で決まります。機械が技術者より重要ということはないのです。

搾油所

オリーブオイルの搾油所には共同のものと個人または企業所有のものがあります。

オリーブ生産者には家族経営など小規模運営の所が多く、個人の搾油所を持たず、共同搾油所で搾油をしています。

しかし共同搾油所の場合、予約していても前の生産者の搾油が終わるまで長時間待たなければならないこともあります。オイルはとてもデリケートです。搾油機は搾油ごとに洗浄されますが、ほんの少しでも前に搾ったオイルの搾りかすが残っていたり、酸化臭が残っていたりするだけで、次に搾油するオイルがその臭いを吸収しクオリティが落ちてしまうことがあります。そのためハイクオリティなオイルの生産者は、規模は小さくてもほとんどが個人の搾油所を所有しています。自分専用の搾油所であればそのような心配もなく、ハイクオリティなオイルを目指すことが出来るからです。

私は仕事柄、様々な搾油所を訪れますが、搾油所に行くだけでどのようなクオリティのオイルを作っているのかわかります。クオリティの低いオイルを搾油している搾油所は、敷地内に入るだけでディフェクトオイルの臭いがします。エキストラバージン・オリーブオイルを作っている搾油所は、オリーブのとてもよい香りがします。そしてコンペティションで受賞するようなハイクオリティなオイルを作る搾油所は、手術室のように清潔でオリーブの香りすらありません。

コールドプレス

エキストラバージン・オリーブオイルを購入する時に、「コールドプレス」と書かれているラベルを目にすることがあるかもしれません。実際「コールド・プレス」や「ファースト・コールド・プレス」、「低温圧搾」「低温抽出」と書かれたボトルが店頭に並んでいます。

「コールドプレス」と書かれていると、クオリティがよさそうに思えるかもしれませんが、この用語にオイルのクオリティを判別する役割はありません。「コールドプレス」という製造用語は、かつて圧搾法で搾油していた時代に、新鮮なオリーブの実をそのまま搾ったオイルと、オリーブの実、もしくは搾りかすに過度な熱を加えて抽出されたクオリティの低いオイルを区別するために用いられていました。

しかし現在ではエキストラバージン・オリーブオイルは「全て」加熱せずにそのまま搾ります。つまり現在この用語はオイルを区別するものではなく、マーケティング上の表現に過ぎません。

このように現在エキストラバージン・オリーブオイルのラベルに記載される「低温圧

搾」と「低温抽出」はほとんど無意味なものですが、二〇二二年、EUは伝統的に生産されるオリーブオイルについて市場の混乱や消費者の誤解を避けるため、この二つの用語の法的定義を定めました。

「第一次低温圧搾〈prima spermatura fredd, first cold pressed〉」という表示は油圧式圧搾機[*4]を使用した伝統的抽出システムによって、オリーブペーストを最初に物理的に圧搾し、二七度以下の温度で得られたエキストラバージンまたはバージン・オリーブオイルにのみ表示することが出来ます。

「低温抽出〈estratti a fredd, cold press〉」という表示は、オリーブペーストのパーコレーション法[*5]または遠心分離法により、二七度以下の温度で得られたエキストラバージンまたはバージン・オリーブオイルにのみ表示することが出来ます。

但し、EU以外ではこれらの用語の使用に関する規則や規制がほとんどないため、EU以外の国ではどのような種類のオリーブオイルにも適用することが出来ます。また、用語の定義はされましたが、それでもクオリティを保証するものではありません。

本当にオリーブオイルのクオリティにおいて重要な用語は、国際基準で定められた「エキストラバージン・オリーブオイル」と「バージン・オリーブオイル」だけです。

エキストラバージン・オリーブオイル作りとは

この三章と四章では、エキストラバージン・オリーブオイルが出来るまでについて説明してきましたが、栽培方法も、搾油方法も、基本的なコンセプトは古代から変わっていません。昔から変わらぬシンプルな工程を、最新の知識と技術と多くの人の手間をかけて作られるのがエキストラバージン・オリーブオイルです。

油というと工業製品というイメージがあるかもしれません。

確かに市場に流通する一般的な植物油は、工場で均一、均質に製造された工業製品が大半です。しかしエキストラバージン・オリーブオイルは違います。健康なオリーブの実をただ搾っただけの農作物です。搾油後、一切の加工をしません。つまりエキストラバージン・オリーブオイルは自然の恵みであり、人間が介入出来ることはそれほど多くないのです。それがエキストラバージン・オリーブオイルの特徴でもあり、弱点でもあり、繊細さでもあり、特異性でもあり、醍醐味とも言えます。

農作物であるエキストラバージン・オリーブオイルは、技術や情報が進化し、管理や作業が完璧であっても、毎年同じようには作れません。天候に大きく左右されるため、年によっては非常に品質の高い年もあれば、それほどではない年もあります。育てたオリーブの実以上のオイルを作ることは出来ないのです。

だからこそ、健康に育った実を大切にエキストラバージン・オリーブオイルに移行させることは自然への敬意です。生産者達は最高のエキストラバージン・オリーブオイルのため一切妥協せず作っています。

一年中、常に畑を見回り手入れし、何千、何万本の木のたった一度のベストタイミングを見極め、多くの人手をかけて一気に収穫します。収穫後はすぐ搾油所に運び出来る限り速く搾ります。搾油の間中、搾油機から離れずに見守り続けます。

エキストラバージン・オリーブオイルには高価なイメージがあるかもしれませんが、コストの大部分はこのような人件費です。栽培から収穫、そして搾油にかける手間と人、そこから得られるオイルのクオリティは比例するのです。

＊1　**リパーゼ**　脂肪を分解する酵素。トリアシルグリセロール〈トリグリセリド〉を加水分解し遊離脂肪酸を生成する。遊離脂肪酸が増えると、オリーブオイルの酸度が上昇しクオリティが低下する。

＊2　**嫌気性発酵**　酸素を必要としない発酵。オイルに残留する微量の水分中に存在する微生物が発酵を引き起こす。

＊3　**水分不足**　食品中の自由水〈分子が自由に動き回ることが出来る水。微生物が利用出来る水〉の活性は食品保存性において重要。自由水の活性はゼロ〈完全に乾燥した状態〉から一〈純水〉までの値を取る。活性が高いと、微生物の発育が進みやすく、食品の保存性が低くなる。エキストラバージン・オリーブオイルは〇・六〇〜〇・六五未満のため微生物は発育しない。このためクオリティを劣化させる原因となる浮遊物を濾過除去することで、時間が経ってもクオリティを維持することが出来る。

＊4　**油圧式圧搾機**　高い圧力をかけることでオリーブの果実から油分を効率的に抽出する機械。温度をコントロール出来るため搾油中の温度上昇を抑えることが出来る。

＊5　**パーコレーション法**　パーコレーションとフィルターを使用した濾過による抽出法。シノレア抽出法とも呼ばれるオイルと水の表面張力の違いを利用した効率的なオイル抽出技術。シノリアと呼ばれる大きなステンレス板を回転させ、板に付けられた多数のクシ型突起を使い、オイルと水を撹拌。オイルの表面張力が水よりも高いためオイルが水と絡み合い、混合液であるモスト〈オイルと水が混じった液体〉が生成される。これをさらに遠心分離機にかけ水を取り除きオイルを得る。

COLUMN

農業生産法人　株式会社高尾農園

代表取締役　高尾豊弘さん
高尾耕大さん

オリーブの栽培には一年間を通して温暖で、夏季は乾燥していることが望ましいため、湿度が高く雨量も多い日本は、オリーブの栽培に適した気候ではないと言われています。しかし、国内有数の日照時間を誇る瀬戸内式気候の香川県小豆島は、明治四一年〈一九〇八年〉日本で最初にオリーブの栽培に成功して以来、現在まで島中でオリーブを栽培し続けてきました。小豆島の町役場には日本で唯一の「オリーブ課」があり、言葉通り、官民一体で島の重要な産業としてオリーブを守り育てています。小豆島町では、出生や小学校入学などの人生の節目にオリーブの苗木が贈られるそうです。

そんな小豆島で二〇〇六年からオリーブオイルを作り始めた高尾農園は、二〇一五年にいきなりニューヨーク国際オリーブオイル・コンペティション〈NYIOOC〉で最高品質賞を受賞し、現在に至るまで、ソル・ドーロ、イタリア国際オリーブオイル・コンペティション〈EVO IOOC〉、東京国際オリーブオイルコンテスト〈JOOP〉他など、世界の重要なコンペティションで数多く受賞し続けています。

――なぜオリーブオイル作りを始めたのでしょうか。

高尾豊弘さん（以下豊弘さん）　元々は繊維製品の小売業を営む四代目でした。以前から、今後の繊維製品の小売業は、店舗面積の拡大や自社で製造から販売まで行うなど、規模や形態を拡大していかなければ生き残れないような気がしていました。繊維製品に限らず、食品、飲食など様々な業種の店舗や見本市、アメリカやヨーロッパの最新の販売スタイルであるセレクトショップやショッピングセンター、コンセプトショップなどを視察してきたからです。

その頃、長男の耕大が「僕は大きくなったら父さんと仕事をする」と言ったのです。幼稚園の頃だったと思いますが、耕大と一緒に働くとなると、今後七〇年は続く法人を創らなければならないと思いました。父に繊維小売りの事業形態を改変していかなければいけないと相談しましたが、父はこのままでよいとの返事でした。

そこで私なりに小豆島で何が出来るかと三〇ぐらいの事業を思い付くだけ書きだしました。考え尽くした結果、最後に残ったのが「小豆島＝オリーブオイル」だったのです。最初そこからノコギリ一本で、雑木や竹が生い茂る荒地を耕すことから始めました。最初は本当に何も知りませんでした。ただ、オリーブオイルについて調べていくと、クオリティを評価する国際品質規格があること、世界各国でコンペティションが開催されていること、大学でオリーブオイルが研究されていること、オリーブオイルの市場が世界規模で広いことなどがわかってきました。それとともにオリーブオイルとは何なのか、オリーブオイルのクオリティとは何なのか、世界のトップレベルの生産者はどのようにオリーブオイルを作っているのか。オリーブオイルの世界に興味を持ち始めました。その時点ではまだ漠然としていましたが、世界レベルのクオリティのオリーブオイルを作っていきたいと考え始めました。沢山の人々に支えてもらいながら、ようやく耕大のためにも小さな土台が出来てきた気がしています。

――オリーブ作りを始めていかがでしたか。

豊弘さん　この地を開墾し始めた翌年の二〇〇七年、オリーブの苗を二〇〇本植えました。オリーブの木は栽培して実をつけるまで三年、実を搾ってオイルとして販売出来るようになるまでに五年はかかります。つまり最初の五年間は無収入です。厳しかったですね。

オリーブオイルのクオリティに不安もありました。

日本に輸入される海外のオリーブオイルや、海外に勉強に行って試飲させてもらうオリーブオイルは、どれもみなインパクトが強いのです。辛みや苦みの強さがあります。海外のオイルと比較して日本のオイルは、気候、土壌の影響もあり、この辛みや苦みが強くないデリケートなオイルになります。自然環境の影響なので仕方ないことなのですが、これで海外のオイルと競い合っていけるのだろうかと不安でした。

オリーブオイル作りを始めて最初の年に出来たオイルは全て、日本料理の板前さんやイタリア料理、フランス料理のシェフ、料理研究家など、業界のプロの方々にサンプルとして無料でお渡ししました。プロの視点から私達のオリーブオイルがどのように見えるのかを知りたかったからです。

——プロの方々の反応はいかがでしたか。

豊弘さん　サンプルをお渡ししたある東京のイタリアンのシェフにこう言われました。

「高尾さんの味を作ったらいい」

そしてこうアドバイスしてくれました。

「高尾さんは、海外のオリーブオイルの味ではなく、日本の高尾さんの味を作ったらいいのではないか。

例えば、日本で育てたルッコラはイタリアみたいな辛みの強いルッコラにはならない。僕もイタリアみたいなルッコラが出来ないかと種を取り寄せて栽培してもらったけれど、日本の気候で育てるとやさしいルッコラになる。

日本の気候で育つ国産食材はたんぱくなのだから、高尾さんのオリーブオイルも国産食材に合わせればよいのではないか？　クオリティや風味、香りを自分達で決めて作ればよいのではないか？　高尾さんは高尾さんの香りと風味で世界を目指したらよいのではないか？」

それから自分達で出来ることをコツコツと行いながら、自分達が満足出来るオリーブオイル作りを目指すことにしたのです。実際にイタリア、フランス、アメリカなど海外へ行って勉強もしました。大学教授や生産者、そして山田さんのような世界的に活躍するオリーブオイル鑑定士の方々にも教えてもらいました。

私が最も気にしていることは農園と搾油場の環境です。特に場内の清掃はもちろんのこと、オリーブ以外の香り、不純物から発せられる香り、小さなゴミなどです。搾油したオイルを入れるタンクが完璧に洗浄されているか、収穫するコンテナに土はついていないか、枯れた葉などがついていないか、とても気にかけています。他にも収穫時の実の状態、畑でコンテナ中の実が日光に当たってないかなど気になるところは沢山あり、全て確実にしていかないと完璧なオイルは出来ないと考えています。

私は山田さんのようなプロのオリーブオイル鑑定士のように、香りや風味のバランスのジャッジは出来ません。でも失敗は出来ないのです。

失敗したオリーブオイルがどのようなものかは理解しています。収穫、搾油、濾過、保存、ボトリングなど、どの工程で失敗したら、どんなオリーブオイルが出来てしまうのか。原因を推察して勉強し、理解します。オリーブオイル作りの環境に繊細な気遣いをすることが、クオリティの高いオイルにつながると信じています。

一年間オリーブをどう育てたか、今年の環境や天候はどうだったかを考えながら、ベストタイミングで収穫する時期を決めていく。これが香りや風味を決める条件になると感じています。

オリーブの実の色は全て、最初はグリーンです。熟するに従い、徐々にバイオレットに近づき、最後は全てブラックになります。オリーブオイルは、どの状態のオリーブの実をどのタイミングで収穫するか、このバランスが一番大切だと思っています。

収穫のタイミングは品種によって違います。

例えばミッションだったら、どの状態で収穫するとどういう風味になるのか、マンサニーリャだったらどうなのか。やはり知りたいですよね。実が黒くなってから収穫して搾った年もあります。緑と黒が半分半分のバランスで搾った年もあります。そうして、品種によって異なる段階で搾り、どの段階が一番美味しく理想的かということを搾油しながら決めました。一度決めたらそのタイミングを守ります。

私はその品種の一番美味しいところを引き出してあげるのが、オリーブに携わるものの使命だと考えています。そのためには一年間の努力や小さなことに気を遣うことが大切だと考えています。

オリーブオイルを使っていただいた方から「美味しい」と言ってもらえることは、最高の喜びです。私達のオイルは多くのレストランでもプロの方々に使っていただいています。そのことにとても感謝していますし、私達のオイルを使った料理を食べると感動します。「さすがです。まいりました」という最高レベルの料理を提供して下さっています。今後もまだまた勉強は続きます。

――高尾さんは、最初の年から今に至るまで、毎年イタリアの正式な鑑定機関に鑑定依

頼を出し続けていらっしゃいますが、それはどうしてですか。

豊弘さん　オリーブオイルの香りが充満している搾油所で毎日搾油していると、香りに慣れてしまい、本当によいものが出来たのかわからなくなることがあります。自分達のオリーブオイルのクオリティを確認するために毎年、コンペティションに出品しています。それと同時に、イタリアの正式な鑑定機関に依頼し続けているのです。

なぜわざわざイタリアに時間や費用、手間をかけて依頼しているのかというと、自分達が作り始めた当時、世界基準の鑑定を出来る評価機関が日本には無かったということがあります。また、それ以上に世界レベルのクオリティを目指すために、世界基準でどのレベルなのかを知ることが大切だと思ったからです。

毎年鑑定を依頼し続けることによってデータが蓄積され、他の年と比較も出来るようになりました。世界のトップのオリーブオイル鑑定士から、自分達のオリーブオイルはどのレベルなのか、課題は何なのかを、正確な分析データを基に的確に指摘されるアドバイスはとても役立ちます。

幸いなことにコンペティションで受賞したオイルもありますが、これから先もレベルを維持していかなければいけませんね（笑）。

――現在は、息子の耕大さんと共に高尾農園を運営していらっしゃいますが、耕大さんからご覧になって、お父さんの転身はいかがでしたか。

高尾耕大さん（以下耕大さん）　父がオリーブ農園を始めてから最初の五年間は収入がゼロでした。しかも初めて収穫した年のオリーブオイルは、全てサンプルとして配ってしまったので、最初の収穫の年も収入はゼロです。その後も収穫量は多くありません。そんな状況の中で父は少し弱気になったのでしょう。

「うちもスペインからオリーブオイルを輸入して、収入を安定させようか」

と母に相談したことがあったそうです。

父がこの時言った「オリーブオイルを買う」とは、安く大量に海外のオリーブオイルを輸入することです。大量に安定して仕入れることが出来るので、オリーブオイルの生産量が増え、収入も安定します。

しかし、僕達は最初から自分達の畑で作ったオリーブの実だけを使ってオリーブオイルを作ってきました。それはクオリティにこだわるからです。高いクオリティのオイルを作るためには、実を収穫するベストのタイミングを見極め、収穫後はすぐ搾らないといけません。自分達の畑で作ったオリーブの実だとそれが可能です。

父の話を聞いた時、母は

「あなたは国産オリーブオイルを極めるのでしょう」
と言ったそうです。
今振り返ると、その時の母の言葉が高尾農園の大事な起点になったと思っています。僕は農業のやり方に正解はないと思っています。最後は自分の考え方でやっていくしかありません。ただ、僕達は農業に携わっているのであって、工業製品を作っているのではありません。僕達は量よりクオリティを求めています。海外の栽培法や搾油法も参考にしますが、そのまま取り入れるのではなく、自分達の畑のオリーブに最適かを考えています。決して手を抜かず、妥協せず、真摯にオリーブ作りに向き合っていきたいと思っています。

――世界中のオリーブオイルの生産者が、高尾農園さんに研修に来るそうですね。

耕大さん　はい。イタリアやスペインのように気候に恵まれているわけではない日本で、なぜ毎年受賞するようなクオリティの高いオリーブオイルを作れるのか、その理由を勉強しに来るそうです（笑）。
生産者以外にも、オリーブの収穫の時期には、国内外から延べ五〇〇人以上の方がボランティアで収穫の手伝いに来てくれます。大学の農業サークルや、有給を取って来てくれる社会人の方もいます。オリーブの実を手摘みするのが楽しいって。収穫後は、みんなでオリーブオイルを使った料理を食べます。収穫の時期はオリーブオイルを賄い料理用に取り置いて贅沢に使ってもらっています（笑）。

――最後に、オリーブオイルの使い方について教えて下さい。

豊弘さん　よくオリーブオイルを購入されるお客さんから、どう使ったらいいですか？と質問を受けるのですが、私は難しく考えないで、取り敢えず、醤油をかけて食べているものにオリーブオイルをかけて食べてみて下さいとお答えしています。

オリーブオイルの使い方には思い込みがあるようです。例えば、このオリーブオイルでアクアパッツアを作りましょうかなど。しかし、魚を捌いて下ごしらえして、オリーブオイルで焼いて、トマトやアサリなどを加えてみたりするより、取り敢えず使ってみて下さい。

イカのお刺身に塩とオリーブオイルをかけて食べてみて下さい。

卵かけご飯にオリーブオイルをかけて食べてみて下さい。

納豆かけご飯だったら、納豆とオリーブオイルを混ぜてから食べてみて下さい。

かつおご飯にするのなら、かつおとオリーブオイルを混ぜて食べてみて下さい。

もしそれが好きでなければ、また醤油に戻せばいいのです。好みがありますからね。色々試していれば、そのうち自分に合うものが出てきますよ。気軽に楽しんでもらえたら嬉しいですね。

農業生産法人　株式会社高尾農園　代表取締役　高尾豊弘

二〇〇六年、香川県小豆島で雑木や竹が生い茂る荒れ地を開墾し約二〇〇本のオリーブの苗を植えるところからオリーブ農園を始める。二〇〇八年六月株式会社高尾農園を設立、同年八月農業生産法人、同年九月認定農業者となる。現在は約三〇〇〇本のオリーブを栽培。国内外のコンテストで数々の賞を受賞。

高尾耕大

農業大学講師。農業大学終了後、広島のフランス料理店での修行を経て、現在は高尾農園でオリーブ栽培と搾油、そして将来オリーブ畑にて養蜂を行うために養蜂場へ出向し修行中。農園を「学びの場」として地域に開放し、ボランティアで手伝いに訪れる人々と共にオリーブを育てている。

part 3
世界のエキストラバージン・オリーブオイル

第5章 世界のオリーブオイル事情と品種

世界のオリーブオイル事情

イタリア南部カラブリア州のオリーブオイル・コンペティション〈EVO IOOC〉の創設者で農学博士のアントニオ・ディ・ラウロは、現在のオリーブ業界をこう説明しています。

「今やオリーブオイルの世界はスペイン、イタリア、ギリシャなど国によって分けられるものではありません。ハイクオリティなオリーブオイルは熟練の勘によって作り出されるものではなく、優れた農学者や研究者による最新知識と分析、年間を通じた丁寧な畑の管理、搾油技術、つまり科学と知識によって生み出されるものになったからです」

アントニオがこのように説明する背景には、世界のオリーブオイル事情の変化があり

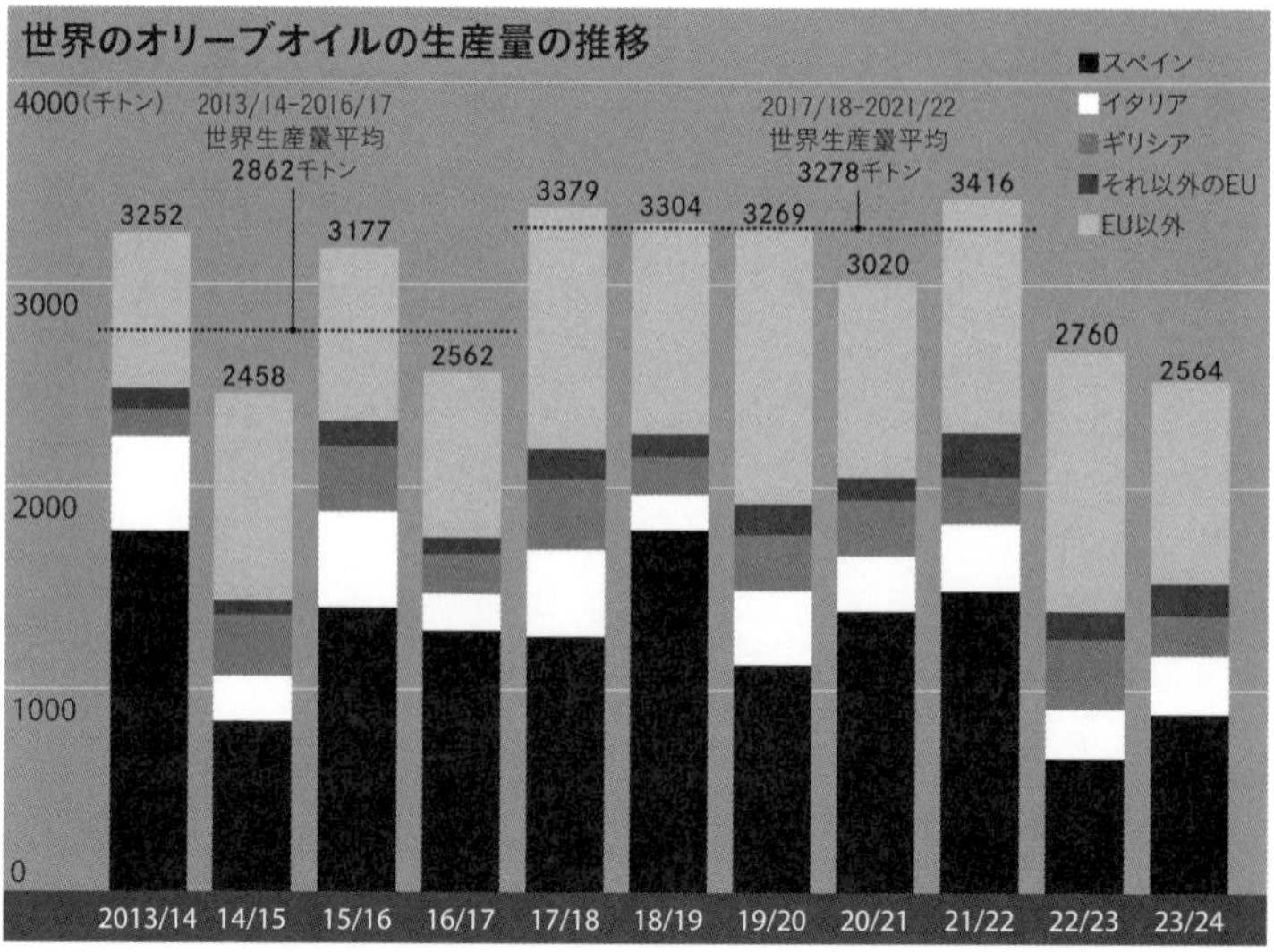

ます。

二〇二二年のイタリアの農業分析所のデータによると、オリーブの栽培は世界六六カ国以上で行われ、栽培面積はブドウ栽培面積の一・五倍強まで拡大しました。またＩＯＣのデータによると、オリーブオイルの生産量も2022/23、2023/24は異常気象、干ばつの影響を受け大きく減産しましたが、全体的には増加傾向にあります。

オリーブオイルの生産量を国別に見ると、一〇年前まではスペイン、イタリア、ギリシャの三カ国が世界のオリーブオイル生産量の七～八割強を占め、ほぼ独占状態でした。しかし現在、これらの三カ国のシェアは世界の半分以下まで下がり、ＥＵ以外の国、チュニジア、トルコ、南米〈アルゼンチン、チリ、ペルー〉などの生産量が拡大しています。

特にスペインはかつては世界の生産量の半分以上を占める圧倒的な存在で、常に生産量で世界一位を維持し、二位、三位のイタリアやギリシャを大きく引き離してきました。しかし、近年の異常気象の影響により生産量は大幅に減少しました。ただ、今後スペインの生産量は回復するとの見方が大半で、引き続き世界一位であることは変わらないでしょう。

世界のオリーブオイルの変化は、生産量だけでなくクオリティにおいても起こっています。以前はコンペティションの受賞常連国と言えば主にイタリアやスペインでしたが、最近はそれ以外の受賞も増えてきました。エキストラバージン・オリーブオイルの国ごとのクオリティの差は少なくなってきたと言えます。

変化の大きな理由はオリーブ生産技術と知識の向上です。

特に新規参入者は、最初からクオリティの高いエキストラバージン・オリーブオイルを目指し、イタリアやスペインで学び、優秀な農学博士や搾油技術者を招聘して最新の知識や技術を導入することで、古くからの慣習や先入観に縛られることなくクオリティを向上させています。

一方、最近受賞数が増え注目を集める国の中には、オリーブの古い歴史を持つ国も少なくありません。例えばイスラエルは、紀元前からオリーブの歴史を持ち、品種名すらない原木が今も残っています。トルコでは、紀元前六〇〇年の世界最古とされるオリーブオイル搾油施設が発掘されています。このようなオリーブの歴史を継承する国々の生産者達は、クオリティの高いエキストラバージン・オリーブオイル作りを通じ、自国のオリーブ栽培の伝統と素晴らしさを世界に広めるために努力しています。実際、新たにオリーブ栽培を始める人達にとって、自国のオリーブに関する長い歴史や伝統は大きな支えとなり、モチベーションを高める重要な要素になっています。このような高い志を持つ生産者が多くの国で増えることで、世界全体のオリーブオイルのクオリティが向上しているのです。

品種

私は仕事柄よく「どの国のエキストラバージン・オリーブオイルがおすすめですか」と聞かれます。確かに従来であれば、イタリア産やスペイン産、もしくはトスカーナ地方のオイルなど、国や生産地域から選ぶことが多かったと思います。しかし先ほども述べたように、今では国によるクオリティの違いは少なくなりました。では、今後は何に注目してエキストラバージン・オリーブオイルを選べばよいのでしょうか。

一つは品種を見るとよいと思います。

エキストラバージン・オリーブオイルは品種によって香りや風味が異なります。驚くほど個性的な香りを持つものもあります。

現在、世界で認証されているオリーブの品種は二六二九以上とされています。中でも最も品種数が多いイタリアでは、七三四の品種が認証されています。〈二〇二〇年三月付イタリア農林食糧政策省公表データ〉

世界で最初に栽培が始まった品種がどれかは定かではありませんが、長い歴史の中で各地域の気候や土壌など様々な環境に適応し、より大きな実、より多くオイルが採れるオリーブの木が自然選別され交配されてきたことは推測出来ます。

オリーブの多くの品種名は実の形状か産地名に由来しています。

例えば、イタリア南部シチリア南東部の原品種トンダ・イブレアは、丸いという意味のトンダとイブレア山地群を組み合わせた名前です。スペインの原品種ゴルダルは大きいという意味で、イタリア南部プーリア州のコラティーナは、コラートという村の名前が由来です。ここからもオリーブと土地、品種と産地が切り離せない関係にあることがわかります。

このような品種の中で、特定の地域で生まれた在来品種のことを原品種と呼びます。土着品種とも呼ばれますが、地域の土壌や気候の影響を受け、それぞれ独特の香りや風味を持ち、揺るぎない個性となっています。

原品種には、モライオーロやコラティーナなどのように原産の土地以外でも比較的栽培しやすい多様性品種と、トンダ・イブレアやブリジゲッラのように原産の土地以外では栽培が難しい品種があります。これは品種によって、異なる土壌や気候条件に適応しやすいものとそうでないものがあるためです。

しかし多様品種を原産地以外で栽培すると、気候と土壌の違いによって原産地で生育した時とは異なる香りや風味に変化します。例えば、苦みがまろやかになったり、バジルの香りがパセリやクレソンなど異なる香りに変わったりします。このように変化した個性も面白みの一つになりますが、品種本来の香りや風味の魅力を最大限引き出すことが出来るのは、やはりその品種が生まれた土着の土地です。

昨今、ハイクオリティなエキストラバージン・オリーブオイルの生産者達は原品種の栽培に力を入れる

トンダ・イブレア種の実

ようになりました。さらに地元のオリーブ品種を地域の特産品としてＤＯＰ、ＩＧＰ〈地理的表示保護の略。詳細は一九〇ページ参照〉として登録し、地域の経済的利益や観光資源としての価値を高める活動も活発化しています。このような動きの影響を受けて、オリーブの品種の認証登録数は増加し続けています。

ＥＵが認証する地理的表示保護制度の数は二〇二三年には三五〇五件にのぼり、そのうち一四七件が油脂に該当しています。欧州委員会農業総局のＥＵ地理的表示保護制度の登録責任者であるエワ・スモレンスカ・ポロズ氏によれば、ここで言う油脂にはフランス産バターやカラブリア産ベルガモットオイルなども含まれていますが、ほとんどがオリーブオイルだそうです。地理的表示は、名称から当該産品の産地を特定出来、産品の品質など確立した特性が当該産地と結びついていることを示すものです。まさに原品種のことを指します。オリーブオイルの原品種がいかに多く、また重要であるかがわかります。

オリーブの研究者達も、セミナーなどで生産者の原品種への意識の高まりを感じると言っています。イタリアの品種に特化した研究者であるバルバラ・アルフェイは、二〇年以上にわたりイタリアの原品種に関する研究発表や在来品種の個性を紹介するセミナーやテイスティング会を運営しています。彼女も原品種に対する問い合わせやセミナーへの参加が増えていると言っています。

しかし、オリーブオイル業界全体としてはオリーブオイルの世界的需要の増加に伴い、大量生産型の企業を中心に栽培が比較的容易で搾油量が多く安定しやすい多様性品種が好まれる傾向にあります。その結果、栽培が難しい原品種を栽培する生産者が減少し、原品種そのものが失われていく危険性が高まっています。もし多様性品種の栽培のみが進めば、世界中のオリーブ品種が似たものになり、オリーブの多様さが失われる懸念があります。

オリーブオイルの魅力の一つは、その品種の多様さにあります。

一章でも説明したように、オリーブオイルは品種や土地ごとに異なる香りや風味、特徴的な味わいを持ちます。違う土地に行けば、その土地の想像したこともないような個性を持つ原品種に出合うことが出来ます。それほど多種多様な個性の異なるオイルが存在するからこそ、料理にも幅広い選択肢をもたらしてくれるのです。特に原品種はその生まれた土地の食材や料理と相性がよく、その地域の食文化や風土を体現しています。世界各地のオリーブの原品種を試すことで、地中海沿岸や中東の風土まで、遠くの土地の文化や歴史を感じる楽しみをもたらしてくれるのです。

原品種を大切にすることは、オリーブオイル本来の魅力を守るだけでなく、オリーブオイルの世界をより奥深く豊かにしていくことにつながります。

また、生産者が原品種を重視することは消費者にとっても多くのメリットがあります。以前は、エキストラバージン・オリーブオイルのボトルに「メイド・イン・トスカーナ」のように産地名だけが表示されていました。しかし、トスカーナ州では様々な品種が栽培されており、同じトスカーナ産エキストラバージン・オリーブオイルでも、クオリティの高いものもあれば低いものもあります。産地名だけでは消費者はそのオイルのクオリティや香り、風味を正しく知ることが出来ません。

最近ではハイクオリティなエキストラバージン・オリーブオイルを作っている生産者達は、オリーブの品種名をラベルに記載するようになりました。エキストラバージン・オリーブオイルを購入する際、テイスティングをすることは難しいですが、もしラベルにコラティーナと品種名が書かれていたら苦みの強いグリーンアーモンドの香りを、コロネイキと書かれていたらジャスミンやバラの香りをイメージすることが出来ます。品種名からオイルの香りや風味を想像出来るので、自分の好みに合ったオイルを選びやすくなります。また、原品種名をラベルに記載している生産者は、それだけ原品種を大切に栽培しているという証拠でもあります。生産者の自信と誇りが感じられます。クオリティが高い可能性がありますので、選ぶ際の一つの目安となるでしょう。

世界には様々な特徴を持つオリーブの品種が存在します。市場の拡大に伴い、今や世界中の個性的な品種から生まれるエキストラバージン・オリーブオイルを楽しめるようになりました。様々な国のオリーブの品種を試して好みや興味を惹かれる品種を見つけることで、エキストラバージン・オリーブオイルの世界が広がることを期待しています。

この後は世界の生産国のオリーブオイル事情について、それぞれ簡単にはなりますが説明します。加えて、本書の最後の「世界の原品種」の章〈三三四ページ〉では各国の代表的な原品種の特徴を紹介しています。様々な原品種の特徴や生産国について興味を持っていただいたり、エキストラバージン・オリーブオイルを購入する際や気に入ったオイルに出合った際の参考にしていただければと思います。

世界各国のオリーブオイル事情

北半球

スペイン

スペインは冒頭でも述べたように2022/23、2023/24と連続して異常気象と干ばつの影響により大幅な減産となりましたが、依然として世界一のオリーブ生産大国であることには変わりありません。

スペインの原品種は約四〇〇種あるとされ、そのうち三〇六種が認証されています。オリーブの栽培地は、南部のアンダルシア地方のハエンを中心に南端のグラナダ、北はコルドバまで広範囲にわたります。特にスペイン最大の生産地ハエンの平野には地平線まで見渡す限りオリーブの木々が連なり、まるで海のような壮大な景色が広がっています。ハエンで栽培されている品種の九七%はスペインの原品種ピクアルです。収穫は茶畑のように整然と並ぶオリーブの木立の間を機械で進みながら一気に行われます。これが広大な平野の栽培地を持つスペインの特徴です。

スペインは苗木も世界中に輸出しています。ピクアルやアルベキーナ、マンサニーリャといったスペインの原品種は、北米から南米、さらには南半球でも栽培されています。

現在、世界中で生産されるオリーブオイルの品種の約四〇%がピクアルであり、次いでアルベキーナ、オヒブランカが続きます。このようにオリーブオイル市場の主要部分はスペインの原品種が占めています。

一時期、スペインではオリーブを国の重要輸出品目と位置付け、量産を優先する政策が続いていました。そのため、クオリティよりも生産量が重視され、オリーブオイルのコンペティションやテイスティングでは、しばしばピクアルのディフェクトオイルが見られました。ピクアル特有の発酵臭からくるディフェクトは、イタリア語で「ネコのおしっこ」と呼ばれ、強烈なアンモニア臭が鼻をつくのですぐにわかります。

しかし、二〇二〇年六月九日にオリーブオイルとオリーブポマースオイルの品質を規格化する法律が発令され、生産のトレーサビリティと生産登録が義務付けられた頃から、世界最大の生産国であると同時に、安全性と品質を強化する研究が進みました。その結果、量産タイプの代表とされていたスペイン産オイルの状況が変わり、現在ではクオリティの高いオイルが数多く生まれ、コンペティションにおける常連受賞国となっています。

スペインにおけるオリーブ栽培は、現在超集中型が中心です。しかし、研究者達の中には環境への影響という観点から疑問視する声も上がってきています。

ハエンのオリーブ研究所の所長であり審査員仲間でもあるブリヒダ・ヘレーラは、「世界のオリーブ栽培面積の二五%を占め、世界の四五%の生産量を誇ると主張してきたアンダルシア地方において、量だけを追い求めるビジョンでは将来のリスクが大きい。多くのオリーブを生産し、より多くのオイルを得るだけではなく、深い知識を浸透させ、価値を与えなければならない。アンダルシアで栽培される品種は少数であり、十分な注意と配慮をもって保存し、受け継がれなければならない」

と指摘しています。

世界最大の生産国スペインは紛れもないオリーブ界のリーダーです。スペインは他国へ苗木を輸出し、多くの栽培指導者を輩出する国として、北米や南米への影響力も大きいことを考えると、世界のオリーブオイル市場の重要な役割を担っていることは間違いありません。その発言や方向性には世界中が注目しています。

イタリア

イタリアは国土が長靴のように縦に細長く伸びた半島で、大小様々な島を合わせて三〇・一万平方キロメートルほど〈日本の約八割〉の国土面積を持つ国です。

「メイド・イン・イタリー」の農産物は、イタリアを代表する財産であり、重要な輸出品と認識されています。現在イタリアには、地理的表示保護制度に認証された食品が八七〇以上あり、これはヨーロッパで最も多く、まさに文化遺産といえるでしょう。その中でも、イタリアの農産物においてオリーブオイルは重要な品目となっています。

イタリアでは農産物の品質を守るために生産に力を注ぐだけでなく、生産者と消費者を守るために様々な検査やモニタリングが公的機関の組織によって常に行われています。いずれの組織も、消費者を守り、イタリア産農産物と食品の安全と品質保護を脅かす犯罪や不正を摘発します。一二の機関によって実施される毎年九〇万件以上の検査と食品管理を通じて、イタリアにおける食品の安全性は保証されています。

イタリアのオリーブオイル生産量はスペインに次いで世界第二位ですが、生産量ではスペインの半分以下と大きな差があります。しかし、主要な国際オリーブオイル・コンペティションでの受賞数はイタリアが最多です。

イタリア産オイルの受賞が多い理由として次の三つが挙げられます。

まず原品種の数が多いことです。

先ほども述べましたが、イタリアは世界で最も原品種の数が多く、七三四種がイタリア農林水産省に認証されています。一般のスーパーの棚に並んでいるオリーブオイルだけでも、各地方の原品種で作られたものを中心に五〇種類ほどの品種が見つかります。原品種が多い理由は、半島北部にアルプス、南北にアペニン山脈が通り地形が複雑で、数キロごとに気候や土壌の特性が異なる「ミクロ・クリマ」と呼ばれる独特の気象条件と環境があるためです。これによりそれぞれの地域に適応した土着の原品種が育まれてきました。

イタリア産オリーブオイルといえば、なだらかな丘陵地帯にオリーブ畑が広がるトスカーナ州や南部のプーリア州、もしくは元王国の伝統を持つシチリア州が有名ですが、イタリアでは全二〇州でオリーブが栽培されています。現在では中部や北部にもオリーブの栽培が広がっており、アルプスの麓に位置するヴァッレ・ダオスタ州にも八二の生産者と一カ所の搾油所が登録されています。イタリア半島北東部のフリウリ・ヴェネチア・ジュリアにはビアンケーラやテルジェステという原品種が存在し、栽培されています。

二つ目は搾油所の数が圧倒的に多いことです。

イタリアの搾油所の数は世界で最も多く、約五〇〇〇カ所。スペインの約一八〇〇カ所の約三倍です。壮大な平野でオリーブを栽培しているスペインは、大半は大規模な搾油所ですが、山岳地帯が多いイタリアでは小規模の搾油所が点在しています。クオリティの高いオリーブオイルを作るためには、収穫後出来るだけ早く搾油することが重要です。イタリアでは近くに搾油所があることで搬送時間が短く済み、待ち時間も少ないため、クオリティの高いオリーブオイルを搾油することが出来ます。因みに国内で生産されているバージンオイルの六割がエキストラバージン・オリーブオイルです。

三つ目は、小規模農家や家族経営の農家が多く、地域組合が発達していることです。比較的平野のあるプーリア州を除いて山地が多く、ほとんどの地域では山の斜面を利用してオリーブを栽培しています。そのため大規模農家が少なく、ほとんどが小規模の生産者です。規模が小さい分、畑の管理や搾油工程など全ての工程に細かな注意を払いやすく、クオリティを高めることが出来るのです。

また歴史的にイタリアは一九世紀、日本でいうと明治維新の頃まで、多くの小共和国に分かれていました。「イタリア」となるのは、一八六一年イタリア統一運動によって王国が成立した時です。その後一九四六年に現在のイタリア共和国が誕生しました。こうした歴史から、今でもイタリアでは伝統的に州政府が政府より強い権限を持っている場合が多く、全二〇州の内、自治州が五つ、シチリア州は特別法適用地域に指定されています。

政府の援助がないイタリアでは、各地域に生産者組合があり、生産者間の情報交換が盛んです。DOPやIGPはこうした背景から生まれた限定地域の原品種を守るための認証制度です。この独立心旺盛な気質はオリーブ作りにも表れています。先祖から受け継いだ原品種や土壌を守り続けることに誇りを感じ、自然に極力近い伝統栽培に力を入れ、クオリティの高いエキストラバージン・オリーブオイルを目指す生産者が多くいます。

イタリアの受賞数の多さは、何千もの小規模なオリーブ栽培農家や搾油業者による並外れた努力の結晶なのです。

ギリシャ

ギリシャにはエーゲ海とイオニア海に浮かぶ島々が六〇〇〇近くあると言われ、その多くでオリーブが栽培されています。エーゲ海のキクラデス諸島南部に位置するサントリーニ島では推定五万〜六万年前の石化したオリーブの葉が発見されています。

オリーブとギリシャの人々の関わりは深く、オリーブ栽培の歴史は四〇〇〇年以上前に遡ります。古代ギリシャにおいてオリーブは単なる食材や調味料ではなく、繁栄、幸福、知恵、豊かさ、平和、健康の象徴とされていました。何千年もの間、オリーブは崇拝され、食生活や経済、宗教儀礼と密接に結びついていました。昔からオリーブの木は地中海の主要な作物とみなされ、現在もオリーブは農業と貿易の中心的役割を担っています。

ギリシャのオリーブの三大栽培地はペロポネソス半島、クレタ島、そしてレスボス島です。生産量は年によって変動しますが、世界第三~五位です。

ギリシャの中心的な栽培地域はペロポネソス半島にあるカラマタ地域です。続いてクレタ島です。クレタ島ではギリシャ全体の三分の一に当たるオリーブオイルが生産されていますが、特筆すべきはクレタ島で生産されるオリーブオイルの八五%がエキストラバージン・オリーブオイルであることです。続くレスボス島のオリーブオイルは、一八五〇年に起こった悲惨な霜の後に植えられた品種、コロヴィとアドラミティアニをベースにした繊細な甘みがトレードマークの黄金色が特徴です。

ギリシャの代表的な原品種はコロネイキです。周辺の国々にも苗木が輸出されています。この品種は最初にグリーントマト、そして薔薇とジャスミンの花の香りが印象的です。その後にローズマリーやセージなどハーブの香りが続きます。辛みはしっかりありますがミディアムで、苦みは比較的マイルドです。その他にもメガリティキ、マナキ、パトリニス、チャルキディキ、アムフィシス、カラモン、アドラミティニ、ツナティなど二八種以上の品種があり、ＤＯＰに認証された品種が三〇種あります。オリーブオイルとして、ミディアムフルーティの品種が多いことがギリシャの特徴です。ただ、クレタ島の原品種には苦みも辛みも非常に強い品種もあります。

最近のコンペティションではデザイン部門が設けられ、審査結果とは一切関係なく、マーケティングの観点から優れたデザインのボトルに賞が授与されます。この部門の受賞常連国はギリシャです。ギリシャには中小規模の生産者が多く、限られたリソースの中で自社のブランド力や個性を際立たせるためデザインに工夫を凝らし存在感を示そうとしています。スペインのような生産大国ではなく、イタリアほどオリーブオイルのイメージが強くないギリシャは、デザインなども含め、様々な方法で差別化を図る努力をしているのです。

コンペティションのフレーバーオイル部門でもギリシャは受賞常連国です。

クレタ島最大のオリーブオイル生産企業では、有機栽培の柑橘類や天然のハーブを使用し、エキストラバージン・オリーブオイルをベースにしたハイクオリティなフレーバーオイルに力を入れています。今後、日本でもギリシャ産オリーブオイルを見る機会が増えていくことでしょう。

キプロス島

キプロス島は、シチリア島、サルデーニャ島に次いで、地中海で三番目に大きな島です。レバノンとイスラエルの対岸、エーゲ海東部に位置します。

二〇二四年のテッラオリーボ国際オリーブオイル・コンペティション〈TERRAOLIVO〉は、イスラエルからキプロス島に会場を移して開催しました。

キプロス島は、愛と美と性を司るギリシャ神話の女神アフロディーテ誕生の地と言われています。アフロディーテはキプロス沖の海の泡〈アプロス〉の中から生まれたと伝えられています。彼女は美少年アドニスに恋しますが、狩の最中に軍神アレスが扮した猪の牙によってアドニスは命を落とします。悲しみ嘆きながら藪の中を駆け抜け傷ついたアフロディーテの足から流れる血は真紅のバラに変わります。ボストン美術館には、紀元前四世紀頃に作られたとされる薔薇の装飾が施された陶器のアフロディーテ像が保存されています。

キプロス島で審査中、バラの花びらを口に入れたような芳香のオイルと出合い驚きました。キプロス産のコロネイキでしたが、ギリシャ神話のエピソードと重なり、忘れられないオリーブオイルになりました。

キプロス島には樹齢二〇〇〇年以上の野生のオリーブが多く存在します。自然環境で自生してきた野生のオリーブは、遺伝学上、多くの品種の基となっています。そのためマザー・オブ・ツリーと呼ばれています。

キプロス島では優れたオリーブの原品種が栽培され、ハイクオリティなエキストラバージン・オリーブオイルが作られています。キプロス島で最も人気のあるオリーブの品種は、ラドエリア、ドピア、キプリアキで、ラドエリアとドピアは古代からキプロスで栽培されてきた主要品種です。キプロス島で最も多く栽培されている品種はラドエリアで、次がコロネイキです。

コロネイキはギリシャの原品種ですが、一九七七年頃、キプロス島にも導入されました。乾燥と強風に耐える強い品種ですが、高地では生育しにくく、栽培は標高五〇〇メートル以下の地域に限られています。寒さにも強くないので、冷たい強い北風が吹くと被害を受けます。しかし、乾燥したキプロス島では豊かに栽培されており、他の多くの品種の交配種としても利用されています。

他にもカトー・ドライスとコラコウがあります。カトー・ドライスはラドエリアよりも大粒ですが、実に含まれるオイル成分は少なめです。樹勢は緩やかで生産量も十分豊かです。コラコウは大果で、オイル成分が非常に少ないため主に食用に用いられています。

チュニジア

チュニジアにおけるオリーブの栽培は、カルタゴ建国以前の紀元前八世紀にまで遡ります。それ以来、オリーブオイルはチュニジアの農業と経済において重要な役割を果たすようになりました。

地中海に面したチュニジアは、オリーブの栽培に適した気候に恵まれ、比較的安定した環境のため生産量も年々増えています。原品種も六三種認定されています。FAO〈Food and Agriculture Organization／国際連合食糧農業機関〉によると、オリーブ畑はチュニジアの耕地の約三分の一を占め、ほぼ全域で栽培されています。オリーブオイルとその関連製品の生産は、チュニジアの農業生産額の一二％を占め、直接的または間接的に一〇〇万人以上がオリーブ産業に従事しています。

チュニジアの特徴はオリーブオイルの輸出を主軸にしていることです。現在、スペインに次ぐ世界第二位、三位を争う生産大国であり、その輸出先の大半はEUです。

二〇一六年三月、EUはチュニジア産オリーブオイルの輸入に対し関税をゼロにする協定を発効しました。これはEU内のオリーブオイル生産量をはるかに上回るEU各国の需要を満たすためです。しかしEUの生産者達は、低コストで生産し、しかも関税がゼロであることは、自分達のビジネスに損害を与える「不公平な競争」だと考えています。EUとチュニジアの交渉は現在も進行中です。

低価格帯のオイルにチュニジア産のオイルがブレンドされていることが多いのですが、チュニジアには非常に個性の強い優れた原品種があります。単一品種には多々ゴールドを受賞するオイルもあります。ハイクオリティなエキストラバージン・オリーブオイルの生産も増えてきており、ニューヨーク国際オリーブオイル・コンペティションや東京国際オリーブオイル・コンペティションでも受賞しています。

トルコ

トルコは諸説ありますがオリーブオイル発祥の地とも言われ、その歴史は今から六〇〇〇年前に遡ると言われています。エーゲ海に面するトルコ南西部には、世界最古とされるオリーブオイル搾油所が発掘され、トロイ戦争で有名なトロイの遺跡からもオリーブオイルに関する遺跡が発掘されています。現在もトルコ南西部を中心にした広い地域でオリーブが栽培されています。

トルコは家族経営の生産者が多く、大企業による大型栽培や最新機械の導入などの投資はあまり見られません。

近年トルコでは、小規模の生産者同士が支え合いながらクオリティの高いオリーブオイルを生産する「ブティックファーム」が注目されています。生産者同士で情報を共有し合い、優れた知識や技術を取り入れながらクオリテイを向上させています。このスタイルは、クオリティを重視するイタリアの伝統的な小規模オリーブオイル作りと似ていますが、トルコでは特に新規に参入する若き生産者達がこの方法を多く選ぶ傾向が強いのが特徴です。

近年、世界のコンペティションでトルコのエキストラバージン・オリーブオイルが目覚ましい成功を収めています。その要因はトルコの原品種が持つ豊かなアロマの個性にあります。トルコでは約二五〇種の品種が栽培され、原品種は約六五種あるとされています。基本的にトルコ産のハイクオリティなエキストラバージン・オリーブオイルは苦みがデリケートです。主要品種はメメチックです。エーゲ海沿岸から南部に栽培地域が広がり、生産量はトルコ全体の約五〇%を占めています。もう一つの主要品種はアイバリックで、トルコのオリーブ生産の約二四%を占めています。

日本では、トルコ産オリーブオイルと言うと大量生産型のオイルというイメージが強く、クオリティが高いイメージはあまりないかもしれません。しかし最近ではクオリティの高いエキストラバージン・オリーブオイルの生産量も増加しています。トルコは気候変動などの影響も比較的少なく、今後注目される国でもあります。ＩＯＣのデータによると、二〇二〇～二一年日本におけるオリーブオイル輸入の第三位にトルコが上がっています。歴史的にもトルコの人達はジャパン・フレンドリーで、日本市場への参入を目指す生産者達が多くいます。

ポルトガル

ポルトガルのオリーブ畑の面積は三六万一四八三ヘクタールに達し、世界のオリーブ栽培面積の約三％に相当します。二〇二二年の生産量は第八位です。ポルトガルは世界最大の生産国であるスペインの南西部に隣接し、気候も土壌もオリーブ栽培に適しています。

主なオリーブ栽培地域は、アレンテージョ、トラス・オス・モンテス、ベイラ内陸部、リバテージョ・エ・オエステです。他にもアルガルヴェ、ベイラ海岸地域、アントル・ドゥーロとミーニョがあります。栽培されるオリーブの約九七％がオリーブオイルに用いられます。

ポルトガルには約一一万八四五〇のオリーブ農園があり、農園の平均面積は三・〇五ヘクタールと小規模で、主な栽培地域に密集しています。

この一〇年間でポルトガルは平野部の耕作面積を増やさずに生産量を倍増させました。輸出力の強化のため、伝統栽培から効率的に大量生産出来る近代的な集中的栽培への転換を進め、生産コストを低減し競争力を高めた結果です。

ポルトガルにおけるオリーブ栽培は青銅器時代まで遡りますが、消費量が大幅に増えたのは一六世紀のことです。ポルトガル人は他国へのオリーブ栽培の導入にも大きく貢献しています。一七世紀末にウルグアイ、一八〇〇年代にはブラジル南部でポルトガル人によってオリーブ栽培が始まりました。

ポルトガルの主な品種は、アレンテジャーナ、アルベキーナ、アルボサーナ、コブランソーサ、ガレガ、コロネイキ、コルドビルです。ポルトガル産のオリーブはブレンドに用いられることが多いのですが、原品種も約五五種存在します。

私の友人のフランチスコは、ポルトガル北部でポルトガルの原品種コブランソーサとガレガを栽培しています。ガレガは標高差が激しい地域に生育し、実がしっかりと枝について離れにくいため機械では収穫出来ず手摘みです。山や崖が続く地域で栽培面積は狭く、生産量も限られています。それでも失われつつある原品種の研究と栽培に取り組みながら、量ではなくクオリティで勝負しています。しかし多様品種の集中栽培を推進する政府の政策とは相反するため、政府の公的援助はなく、原品種を知ってもらうためにウェブサイトやSNSを通じたコミュニケーションやセミナーなどプロモーション活動に力を注いでいます。

フランス

南フランスのプロヴァンスと言えばラベンダー畑が広がっているイメージがありますが、この地域からスペインとの国境近く、そしてコルシカ島にかけてオリーブ栽培も非常に盛んです。

フランスには原品種が約八八種あるとされています。最も代表的な品種はDOP〈フランスではAOP〉に認証されているリュックとピショリンです。

フランス南部ニヨンには、伝統のオリーブ・ノワール〈ブラックオリーブの塩漬け〉があります。収穫後八日から一二日経ったブラックオリーブを叩いて砕き、塩水に六か月保存して、クリスマスや年末の晩餐に味わうオリーブ・ノワール〈olives noires piqué〉が伝統です。

ダルマチア地方〈スロベニアとクロアチア〉

ダルマチア〈クロアチア語でDalmacija〉は、アドリア海沿岸に面したクロアチア南西部の地域を指します。イタリアやギリシャに近いこの地域は良質なオリーブオイルの重要な生産地です。約二五種の原品種があります。

アドリア海北部からイストリア半島、トリエステ地域にかけての自然環境は、数千年前に古代ローマ人が発見したように、カルスト地形で砂を含む水捌けのよい土壌が広がり、オリーブの栽培に非常に適しています。ローマ時代の詩人マルティアリスや同時代の地理学者ポンポニウス・メラも、ローマ時代以前からこの地域にオリーブの木が存在していたことを記しています。

イストリア半島南部のボドニャンとプーラの近郊は、地中海の暖かい空気に包まれた赤土の日当たりのよい土地で、乾いた石壁が接する風景が広がっています。三〇年以上前から、イタリアから多くの技術者や農学者が招聘され、技術指導を行ってきました。現在のスロベニアには優秀な農学者が率いるIOC認定のパネルグループがあり、直接自国の生産者達を指導しています。この地域のオリーブオイルは生産量が限られているため、日本にはあまり輸入されていませんが、コンペティションの受賞常連国です。

イスラエル

イスラエルと言うと、フルーツを輸出する近代農業国と、宗教の聖地というイメージが強いかもしれません。総面積は二万二〇七二㎢です。国土の長さは四七〇㎞ほどで、幅は一番広いところでも一三五㎞しかありません。西側に地中海、東側に死海、南部に紅海、北部にはガリラヤ湖があります。「死海」という名前は、地中海に比べて約一〇倍の塩分濃度があるため、魚など生き物が生息出来ないことに由来しています。

イスラエルは半乾燥地帯で、北部は緑地が多く、南部は砂漠地帯です。緯度はちょうど日本の南九州中部にあたります。降水量は北部に多く、南部は極端に少なく、国全体の降水量は東京の三分の一以下と非常に少ないです。しかし、こうした気候条件や土壌条件は、オリーブの栽培に適しています。ネゲヴ、ガリラヤ、ゴラン高原、ヨルダン川西岸など、国土の北から南まで、様々な地域でオリーブが栽培されています。

イスラエルは二〇一三年頃まで九〇〇年以上続く最悪の干ばつにあえぎ、水不足に悩まされていました。それがイスラエルの乏しい水資源を保全し再利用するという国家戦略により、世界最大の逆浸透膜方法による新しい海水淡水化プラントを成し遂げました。このプラントによって国内の五五％以上の水を海水淡水化によって得ています。つまり世界で最も水の貧しい国の一つがあり得ないような水の豊かな国になったのです。

イスラエルでは、栽培、生産、貯蔵に関する技術、そしてオイルの官能分析に関する教育が、大学などの公的機関とテイスティンググループなど民間機関の両方で進んでいます。これによりオリーブの品種の専門性と多様性に対する意識も大いに高まっています。イスラエルの生産者の多くは、ハイクオリティなエキストラバージン・オリーブオイルの生産を目指して近代的な搾油機など先端技術を次々と導入しています。

現在、世界の権威あるオリーブオイル・コンペティションで、高い評価を得るイスラエル産のオリーブオイルが増えてきています。過去二年間〈2021～2022年〉だけでも、イスラエルのオリーブオイルは様々な国際オリーブオイル・コンペティションで、五六個のメダルを獲得しました。二〇二三年には、ニューヨーク、東京、ベルリン、イタリア、ロンドン、トルコで開催されたコンペティションで、二六個のメダルを獲得しています。ただ、国内の消費はヨーロッパと比較すると相対的に低い状況ではあります。

今後、世界的なエキストラバージン・オリーブオイルの需要の増加に伴い、イスラエル産エキストラバージン・オリーブオイルは国際市場に広がるポテンシャルを持っています。

イスラエルで開催されたオリーブオイル・コンペティション審査のためにイスラエルに滞在していた際、野生のオリーブ、つまり原木を何本も見ることが出来ました。個人的にも、オリーブの起源といわれているイスラエルには、今一度オリーブオイルの世界で輝いて欲しいという強い思いがあります。

アメリカ

アメリカ大陸の発見（一四九二年）により、オリーブ栽培は地中海を超えて広まりました。最初のオリーブの木は宣教師達によってスペインのセビリアから西インド諸島に運ばれ、後にアメリカ大陸に渡りました。アメリカ大陸征服の際に植えられたオリーブの木の一つ、アラウコは現在も生きています。

アメリカの原品種として知られ、また最も栽培量の多い品種の一つ「ミッション」はイエスズ会やフランシスコ会のミッション〈伝導所〉の果樹園で栽培されたことからこのように名付けられました。

この品種はスペインからアメリカに持ち込まれたものですが、コルドバ大学のＤＮＡ研究により、スペインの原品種のＤＮＡとは異なることが報告されています。一八世紀後半にカリフォルニアに導入されて以来、ミッションは、植え替えや様々な気候変化、自然淘汰により元のＤＮＡを残さないほど進化したと考えられています。

一九九九年以降、最初のスペイン式超集中型栽培が始まりました。イタリアで味わったオリーブオイルに触発されて、多くのイタリア品種、主にフラントイオ、モライオーロ、レッチーノといった古典的なトスカーナ・ブレンドのオリーブオイルをカリフォルニアのソノマ郡に輸入したのがわずか二〇年前のことです。現在ではカリフォルニアのオリーブ栽培面積の約三分二をこのスペイン式超集中型栽培が占めています。今後はさらに増加すると見られています。

現在、オリーブオイル生産者は五〇〇人強で、そのほとんどがカリフォルニアに集中しています。栽培面積の規模を見ると、超集中的な大規模農園を持つ生産者はわずかで、五〇〇〇～一万本のオリーブの木を持つ中規模生産者が少数、大半は小規模生産者です。

一九九〇年代初頭に設立されたアメリカオリーブオイル生産者協会〈ＡＯＯＰＡ＝American Olive Oil Producers Association〉はＩＯＣに所属していますが、その基準値はＩＯＣより若干厳しいものとなっています。特にオイルの酸度に関しては〇・五％を超えてはならないと定めています。

近年カリフォルニアを中心としたいくつかの大都市では、より健康的な製品を求める傾向が強まっています。少しずつ様々な品種のオリーブオイルに魅力を感じる消費者が増え、オリーブオイルの消費が増加しつつあります。

あまり知られていませんが、ハワイのマウイ島でもオリーブが栽培され、オリーブオイルを搾油しています。基本的にハワイはトロピカル気候のため、降雨量が多く、オリーブの栽培は容易ではありません。しかしマウイ島の海抜五〇〇～一一〇〇メートル、乾燥した気候に恵まれた地域では、アルボサーナ、カラスオラ、ピショリンなどが栽培され、香りも辛みも、そして苦みも非常にあるストロングフルーティーなエキストラバージン・オリーブオイルが生産されています。

日本

二〇二〇年度のオリーブオイルの国内生産量は約四五トンです。日本は増加する国内消費の需要を満たすために輸入に頼っています。二〇二〇年度には約七万トンのオリーブオイルを輸入し、その九六％がＥＵからでした。スペインとイタリアが市場を独占し、合計で約九四％のシェアを誇っています。

日本におけるオリーブの輸入と消費は遅いスタートにもかかわらず、オリーブオイル消費量は着実に伸びています。

この増加傾向は、一九九〇年代初頭からの日本におけるイタリア料理の人気の高まりと、オリーブオイルの健康効果に対する意識の高まりに起因しています。

友人のアルベルトが運営するオリーブに特化したオンラインマガジン『テアトロ・ナ

トゥラーレ〈Teatro Naturale〉』によると、過去一〇年間で日本のエキストラバージン・オリーブオイルの輸入量は二倍以上に増加し、二〇二〇年にはオリーブオイルの総輸入量の七七%を占めました。コロナ禍においても唯一輸入価格が大幅に増加したのは日本でした。クオリティの高いものを賞賛し、健康意識も高い日本では、今後もエキストラバージン・オリーブオイルの使用量が増えていくものと考えられます。

南半球

オリーブの栽培は北半球だけでなく、南半球でも盛んです。

南米におけるオリーブの歴史は、スペイン人入植者や布教のために訪れた聖職者達がヨーロッパから食文化を持ち込んだ植民地時代に始まります。オリーブ栽培に関する最初の歴史的な確証は、一五五四年にアルト・ペルーからの入植者達によってサンティアゴ・デ・レステロ市が設立された時にまで遡ります。

一六～一七世紀にかけて、オリーブの木はメキシコのベラクルスからメキシコ全土に広がり、そしてカリフォルニアへ、今日ではアメリカ大陸の様々な地域、アメリカ、アルゼンチン、ブラジル、コロンビア、チリ、ペルー、ウルグアイで栽培されています。近年、これらの南米各国でオリーブの栽培が急速に増加しています。

南半球でオリーブの栽培が盛んになっている背景には主に二つの理由があります。まず、世界的な健康志向の高まりとともに、栄養価の高いエキストラバージン・オリーブオイルが注目されるようになったことです。

元々南米は農業が盛んな地域で、野菜やブドウなどのフルーツが多く栽培されていますが、エキストラバージン・オリーブオイルはフルーツに比べ販売単価が高く、保存期間も長いので生産者にとって魅力的な農作物なのです。果樹園や茶畑をオリーブ畑に転換する生産者も増えています。

次に、南半球は北半球と収穫時期が半年間ずれるため、市場優位性があることです。南半球では春に収穫と搾油時期を迎えます。北半球のオイルと市場で競合することなく、消費者に新たな価値を提案することが出来ます。消費者にとっても、北半球と南半球のオリーブオイルを交互に入手することで、常に新鮮なエキストラバージン・オリーブオイルを楽しむことが出来ます。また、オリーブミバエがいないことも南半球におけるオリーブ栽培の大きな利点です。

アルゼンチン

南米で最もオリーブオイルの生産量が多い国はアルゼンチンです。

アルゼンチンには少数の大規模農園が存在します。アルゼンチンの中心的な栽培地域はメンドーサで、アルベキーナやピクアル、マンサニーリャなどの品種に加え、アルゼンチンの原品種であるアラウコも栽培されています。

アルゼンチンでは南米で最も重要とされるオリーブオイルの国際大会「ブエノス・ア

イレス・インターナショナル・オリーブオイル・コンペティション」が開催され、南米各国からオリーブオイルがエントリーします。

ブラジル

ブラジルは南米においてアルゼンチンに次ぐオリーブオイルの生産国です。

ブラジルには現在六〇〇を超える生産者がいます。大規模生産者が中心で、自分の土地をヘリコプターで巡回する人もいます。

ブラジル・オリーブ栽培協会〈Ibraoliva〉と農業・畜産・持続可能な生産・灌漑事務局〈Seapi〉が発表した統計によると、ブラジルにおける2022/2023年度のオリーブオイル生産量は五億八〇二二万八〇〇〇リットルで、前期に対して二九％増加しました。

ブラジルのオリーブ栽培の中心地域は、リオ・グランデ・ド・スルと中央部サンパウロの一〇〇〇メートルを超える標高のセッラ・マンディキエラ地域です。リオ・グランデ・ド・スルでは一一〇の市町村に六二〇〇ヘクタールのオリーブの木があり、そのうち三四〇の生産者が四三〇〇ヘクタールでオリーブを生産しています。リオ・グランデ・ド・スルで栽培されている品種数は九三で、2021/2022年の収穫量に対して三二％増加しました。一方、コーヒー栽培で有名なセッラ・マンディキエラ地域では、マリア・ダフェという地名から名付けられた原品種が栽培されています。生産量が限られているため、他のオイルとブレンドされています。

現在ブラジルで栽培されている主な品種はアルベキーナ、アルボサーナ、コロネイキ、フラントイオ、マンサニーリャ、コラティーナ、ガリエーガなど多様品種の一〇種ほどです。

ブラジルのオリーブの収穫は一般的にコーヒーと同様に手摘みで行われます。オリーブ栽培が比較的新しいため、搾油機械は全て最新式です。イタリアでは二〇年以上前の搾油機を使っている搾油所が多くありますが、ブラジルでは全てが驚くほど新しいのです。技術はスペインやイタリアから供与され、学術的な研究に基づく知識も伝わっています。ブラジルは毎年増産しています。数年後には重要なオリーブオイル生産国になる可能性があります。

チリ

南米でクオリティにおける第一線を走る国はチリかもしれません。ブラジル南部のウルグアイとの国境近くでは大規模なオリーブ栽培が進んでいます。

チリと言えばワインも有名ですが、乾燥して年間を通じて温暖であり、日中の寒暖差が大きいというワイン栽培に適した気候や土壌条件がオリーブ栽培にも適しているからです。生産量もアルゼンチンに次ぐポジションをブラジルと争っています。

チリは多数の貿易協定を活用して、欧州以外の新興市場や他地域への輸出を推進しています。競争が比較的少ない市場でチリ産オリーブオイルを販売する独自のマーケティング戦略の展開が成長の大きな要因となっています。

中南米諸国が目指すところは、世界最大の輸出国スペインと競合することなく、世界市場へ輸出を拡大することです。チリはその点においてハイクオリティなオリーブオイル生産を基盤に巧みなマーケティング戦略で成長を牽引していると言えます。

チリ産オリーブオイルのクオリティは今まで知られていませんでしたが、最近はコンペティションで受賞するようになり、南米でも特に注目されています。

ペルー

ペルーは重要なオリーブの消費国であると同時に生産国でもあります。オリーブ栽培は南部、特にタクナとアレキパに集中し、イカ、リマ、ラ・リベルタ、モケグアでも栽培されています。

ペルーには、南米で最も古い一六世紀のオリーブの古木が現存しています。古木の一部は先住民の子孫によって職人的に維持され、今もその古木から素晴らしいクオリティのオイルが生産されています。

ペルーの代表的な原品種はクリオイヤ種アラウコです。一五世紀ごろに入植したスペイン人によって持ち込まれました。ペルーのテーブルオリーブの約八〇%はこのクリオイヤ種です。

この品種の実は大きく、通常テーブルオリーブとして食されますが、良質なオリーブオイルも生産されています。ミディアムフルーティーで、グリーントマトやグリーンベジタブルの香りが特徴です。苦みの少ないエレガントなオイルです。アンデス山脈特有の野生のハーブがこのハイクオリティなオイルに感じられることは特筆すべきです。その他に、アルベキーナ、マンサニーリャ、カラマタ、フラントイオ、コラティーナなどが栽培されています。

ペルーでは伝統栽培が六三・九%を占め、次いで集中型栽培が一九・六%、超集中型栽培が一六・五%です。九〇%は自然に降る雨のみを水源とする天水方式で行われ、残りの一〇%は灌漑によって行われています。

収穫されるオリーブの実の一六%はオリーブオイル、八四%はテーブルオリーブに加工されます。年間三三〇〇トンのオリーブオイルが生産され、そのうち七〇%がエキストラバージン・オリーブオイルです。全てが国内で消費されています。

ペルーはハイクオリティなオリーブオイルの生産に注力しています。今後、国際オリーブオイルコンペティションで受賞オイルの数が増えることは間違いないでしょう。

ウルグアイ

ブラジル南部のウルグアイとの国境近くでは大規模なオリーブ栽培が進んでいます。二〇〇二〜二〇一二年の一〇年間に、ウルグアイのオリーブ栽培面積は五〇〇〜九〇〇〇ヘクタールに大幅に増加しました。栽培面積の五五％は樹齢五〜一五年、四五％は樹齢五年未満のオリーブの木です。

ウルグアイ全土がオリーブ生産に適しており、各地でオリーブ畑が見られます。主な地域は三つで、南東部、南西部、北西部です。南東部が最もオリーブが集中して栽培されている地域で、次いで南西部、北西部となります。生産者一人あたりのオリーブ栽培地面積は一〇〜一〇〇ヘクタールで、大半は中小規模です。収穫されたオリーブの実は二〇の大規模な搾油工場で搾油されています。生産量は現在八〇〇トンですが、今後急速に増加する見込みです。

因みに、南米で行われたコンペティションで共に審査をした仲間達は、南米で最もハイクオリティなエキストラバージン・オリーブオイルを生産するのはウルグアイだと称賛していました。ウルグアイは、高地に位置し、優しい風が吹く乾燥した気候と、年間を通じて温暖で日中の寒暖差が大きく、土壌にも恵まれているため、同じ品種を栽培するとクオリティが高くなり、香りも複雑で深みのある風味になるそうです。

現在のウルグアイは、生産者の努力と政府による政策によって、ハイクオリティなオリーブオイルの生産に重点を置いています。しかし、生産は全て国内消費用で輸出はほとんど行われていないのが実情です。ただ、ウルグアイの生産者達は国境を越えようとしています。新興の輸出先は、主にブラジルと中央アメリカ、アメリカ、カナダ、そして日本です。

クオリティの観点からチリが不動のリーダーと見なされている南米において、ウルグアイは新たな注目国と言えます。

オーストラリア・ニュージーランド

過去一〇年の間にオーストラリアにおけるオリーブオイルの消費は倍増しました。生産量も一九九八年には年間約五〇〇〇トンだったのが二〇一九年には約二万トンにまで大幅に増加しています。

オーストラリアではフラントイオ、アルベキーナ、ミッション、マンサニーリャ、カラマタなどの品種が主に栽培されており、ほとんどが小規模農園です。

オーストラリアは国土が広いため、地域によって栽培状況が大きく異なります。例えば、ビクトリアやニューサウスウェールズ州西部は豊作でも、ハンター・バレーは不作に見舞われるなど、地域ごとに状況が異なることが多々あります。

二〇二二年に南部は危機的状況を迎えました。前年には八万五〇〇〇～九万トンあった生産量が三〇％も減少したのです。この生産減少の背景には、前年の記録的な豊作による隔年結実性の影響があります。さらに、開花と結実の時期に天候不順が続いたこと、収穫時の多雨により作業機械の使用時間が制限され、収穫の遅れや実の落下が発生したことなどが要因として挙げられています。

ニュージーランドにおけるオリーブ栽培は、オーストラリアからフランス人や宣教師達が持ち込んだことに始まるとされています。その一方で、様々な化石や遺跡の研究により、それ以前からオリーブが存在していた可能性が指摘されています。

オリーブの栽培面積は二〇〇〇ヘクタール強、生産量は七〇〇〇トンほどです。オリーブの九二％以上がオリーブオイル用で、七％強がテーブルオリーブ用です。現在ニュージーランドには超集中的なオリーブ農園はありません。主にピクアルをはじめとするスペイン品種、フラントイオなどのイタリア品種、イスラエルのバルネア、ギリシャのコロネイキなどが栽培されています。

南アフリカ

南アフリカには原品種はなく、イタリアやスペインから輸入された苗木を栽培しています。

南アフリカにおけるオリーブ栽培の歴史は比較的新しく、最初のオリーブの木が植えられたのは一七世紀半ばと言われています。本格的な栽培が始まったのは二〇世紀初頭です。イタリアのフェルナンド・コスタがケープタウン近郊で輸入したオリーブの木を栽培し、脚光を集めたことがきっかけです。

その後、イタリア北部ビエラの企業家ジュリオ・バートランドが、この地域で最も古く有名なモルゲンスター農園を購入し、ワインだけでなくオリーブオイルの生産も始めました。彼はイタリアから一七品種のオリーブの苗木を輸入し、ケープ地方がオリーブ栽培に最適であることを発見しました。

「イタリアでは多くの農園がブドウとオリーブを一緒に栽培していますが、当時の南アフリカでは全く行われていませんでした」

　現在モルゲンスター農園のマーケティング・マネージャーを務めるジュリオの姪ヴィットリア・カスタグネッタは当時の様子をそう語っています。南アフリカ全土にある何百万本ものオリーブの木は、こうした起業家達がイタリアから持ち帰った苗木がもとになっています。モルゲンスター農園の二〇〇ヘクタールの敷地の四二ヘクタールにオリーブの木が、三二ヘクタールにブドウの木が栽培されています。

　二一世紀に入り、南アフリカにおけるオリーブの栽培面積は倍増しています。現在、南アフリカには三六〇〇ヘクタール以上のオリーブ畑があり、栽培面積では世界三三位、世界のオリーブ畑の〇・〇九%を占めています。クオリティの高さから、また生産量の増加の観点からも非常に注目される国です。

COLUMN

オリーブオイルで見られるマーク・規制

DOP・IGPマーク

EUにおける高品質な農産物や食品の名称を保護する制度として、原産地呼称保護〈伊DOP＝Denominazione di Origine Protetta、英PDO＝Protected designation of origin〉と地理的表示保護〈伊IGP＝Indicazione Geografica Protetta、英PGI＝Protected geographical indication〉があります。DOPはIGPに比べて製品と産地の結び付きをより重視しています。

DOPは、食品の品質が生産地の特質のみに起因することを意味します。IGPは地理的原産地によって製品の特性が異なることを意味します。具体的には、DOPは生産、加工、調理の全ての工程を特定地域内で行わなければなりません。一方IGPは、製品

EUの地理的表示（GI）保護制度

制度名称	ロゴ
原産地呼称保護 伊DOP＝Denominazione di Origine Protetta 英PDO＝Protected designation of origin	
地理的表示保護 伊IGP＝Indicazione Geografica Protetta 英PGI＝Protected geographical indication	

の生産、加工、または調理の一つ以上の工程を特定地域内で行えばよいとされています。この定義の違いは微妙に見えるかもしれませんが、実際には二つの異なる意味合いを主張しています。ＤＯＰは、生産工程まで限定地域で完結していなければなりませんが、ＩＧＰは一部生産工程が特定の地域以外で行われていても取得出来ます。

　このマークがついているものは、原料生産から、加工、最終の充填までの各工程において、規定された情報を管理、保管し、品質も品質規格に適合することが分析で証明され、生産量や在庫量もきちんと管理されています。

有機栽培認証マーク

ＥＵオーガニック認証とは、ＥＵの政策執行機関〈欧州委員会 European Commission〉が制定するオーガニックの規則に則って生産・加工・流通の全工程が行われているものであることを証明する制度です。ＥＵ内で生産され、有機認証を取得した場合は、ＥＵ有機のロゴマーク〈ユーロリーフ〉の添付が義務付けられており、消費者が有機食品をロゴマークにより判別出来るようになっています〈日本などＥＵ域外で生産・輸入される場合は任意〉。

ＥＵにおいて認証が必要とされている生産、加工、流通の全工程とは、一次生産から、保管、加工、輸送、販売、最終消費者への供給、輸入、輸出および委託作業までのあらゆる工程が含まれており、日本の有機ＪＡＳが認証を要求する対象よりも範囲が広いものです。規則 EC No 834/2007 および規則 EC No 889/2008 に、ＥＵ内で生産される食品が有機と認められる要件として、「主に再生可能資源を使用し、認められた肥料・土壌改良資材を使っていること。遺伝子組み換えをしていないこと。高い動物福祉を順守すること」などが挙げられています。

参考までにユーロリーフ規定を紹介します。

二〇二二年版 ユーロリーフ規定

●有機栽培の原則

―自然のシステムと循環を尊重
―土壌、水、空気の状態、動植物の健康状態、そのバランスを維持、改善
―自然景観の要素を保全
―エネルギーと天然資源の責任ある利用
―消費者の需要を満たす多種多様な高品質の製品を生産
―食品と飼料の生産、加工、流通の全てのプロセスにおいて有機生産の完全性を保証
―動物用医薬品を除き、遺伝子組み換え作物〈GMO〉及びGMOによって生産された製品の使用を排除
―外部入力の使用を制限
―リスクアセスメントと予防措置および防止措置に基づく方法を用いて、生物学的プロセスを設計し管理
―動物のクローン作りを排除
―高水準の動物福祉を確保

●**有機栽培の必要条件**

―土壌の生命力、自然の肥沃さ、安定性、保水力、生物多様性を維持・向上

―遺伝的多様性、耐病性、寿命の長い種子や家畜を使用

―植物品種を選択する際には、各有機生産システムの特殊性を考慮し、農学的性能と耐病性を優先

―高い遺伝的多様性、繁殖価値、適応性、寿命、生命力、病気や健康問題に対する抵抗性を考慮して動物品種を選択

―その土地に適応し、土地と結びついた畜産を実施

●**有機栽培申請条件**

有機栽培の申請を行う前に次の条件を満たす必要がある。

―農場が有機生産に切り替えようとする場合、転換期間を経なければならず、その間は農場全体が有機生産規則に従って管理される。転換期間が終了し、関連規制を経てはじめて有機栽培産物として市場に出すことが出来る。

―転換期間終了後も有機生産への転換を希望するＥＵの農場は、有機生産要件に従って管理されなければならない。

―但し、農作物原料を一種類だけ含む植物由来の食品・飼料は、収穫前に一二カ月の転換期間があれば転換中の製品として販売出来る。このルールは現在植物生殖材料〈種子や植物全体を生産するために使用されるあらゆる成長段階の植物を含む〉にも適用される。

―同規則はまた、有機と非有機の両方を生産する農場も認めているが、その場合は生産単位を明確かつ純粋に分離しなければならない。

オリーブオイルの遺伝子組み換えの規制

第五章「世界のオリーブオイル事情と品種」でも説明したように、オリーブオイルには多くの品種が存在しますが、他の農産物と同様、オリーブの世界でも厳しい気候環境に強い品種の研究が進んでいます。しかし、EUにおける遺伝子組み換え作物〈GMO〉の規制は世界で最も厳しく、活力誘発遺伝子をサイレンシング〈特定の遺伝子を制御〉することを認めていません。つまりEUでは食品の世界において、新しい遺伝子を導入して人為的に改変することによる新品種の開発は出来ません。そのためオリーブの新たな品種を作る方法は、現存する品種間で自然交配を行うことに限られています。

コルドバ大学とアンダルシア農業研究所〈IFAPA〉による超集中型栽培の共同研究

から生まれた新品種「シキティタ」はその代表的な例です。

スペインの原品種ピクアルとアルベキーナ、アルボサーナ、ギリシャの原品種コロネイキ、イタリアの原品種レッチーノとコラティーナ、フラントイオ、トルコの原品種アィヴァラクといった品種を交配させ、それぞれの品種が持つ望ましい特性を引き継がせることを目指しました。その結果、二〇〇六年、ピクアルとアルベキーナを選抜して交配させたUCO-I 8-7は、アルベキーナよりも樹勢、結実、生産性、油脂特性が優れていることが確認されました。二〇〇八年にはこの選抜交配品種は「シキティタ」の名で登録され特許を取得しました。シキティタを搾油したオリーブオイルは、ミディアムフルーティーで、グリーンハーブやアロマティックハーブの豊かで深い香りにバランスよくしっかりした辛みがあり、苦みはデリケートです。

これらの研究は主に超集中栽培に適した品種の研究から生まれたものですが、第五章でも述べたように、基本的に原品種に注力する方向性は変わらず、また影響も受けていません。今後もエキストラバージン・オリーブオイルの市場では原品種が大切にされ続けるでしょう。

part 4

エキストラバージン・オリーブオイルを取り巻く世界

第6章 オリーブオイル鑑定士と官能評価

オリーブオイル鑑定士とは

オリーブオイル鑑定士とはオリーブオイルの官能評価を行う専門技術者です。国が定める講習を受け、国家試験に合格した後、オリーブオイルの専門技術者として各国の農林水産省に登録し、常に法に則り、国が定める鑑定機関で嗅覚と味覚を用いた官能評価によって、バージン・オリーブオイルの特性を分析します。

ＩＯＣの加盟国では、ＩＯＣの規格を基にオリーブオイルの品質規格と評価法を法令化されており、バージン・オリーブオイルの品質に関する評価は、化学分析と官能評価によって行うことが定められています。

オリーブオイル「鑑定士」と「ソムリエ」が混同されることがありますが、鑑定士は国家資格を有し、その評価結果に法的権限が伴う点でソムリエとは大きく異なります。

オリーブオイルソムリエは、品種や産地の異なるオリーブオイルと最適な料理の組み合わせを消費者に提案し、オリーブオイルの特性を説明することを主としています。ソムリエにはオリーブオイルを「語る」または「伝える」技術が求められますが、国家資格は不要であり、評価結果には法的な拘束力はありません。


ＩＯＣに加盟する各国では、オリーブオイルの品質を管理する体制を整えています。例えばイタリアではオリーブオイルをはじめとする食品の品質を管理するための専門部隊が各省庁の下に設置されています。

厚生省の機関であるＡＳＬ〈Azienda Sanitaria Locali〉は特定の地域〈通常は州〉における保健サービスの提供を担っています。日本の保健所に相当する機関です。

国防省の機関であるＮＡＳ〈Nucleo anti sofisticazione del comando dei carabinieri〉は食品偽造と公衆衛生に関する犯罪に対応する国家治安警備隊の特殊組織です。また、農林水産省の機関である欧州最大級の食品管理機関ＩＣＱＲＦ〈Ispettorato centrale repressione frodi〉は農産物および食品の品質保護と不正防止を目的とした中央検査機関です。

農産物と食品に関連する保護、検査、摘発はこれらの組織がそれぞれ独自に検査や調査を行います。

私はイタリアの農林水産省にオリーブオイル鑑定士として登録しています〈イタリア共和国農林食糧政策省オリーブオイル鑑定士登録番号 MI0023278〉。オリーブオイル鑑定士は農林水産省の下にある専門部隊の一つで、バージン・オリーブオイルの専門技術者として農林水産省に登録された国家資格を有する専門家です。鑑定士には鑑定結果に基づいて摘発などの法的措置を取る権限が与えられています。

オリーブオイル鑑定士は、一九九一年のEEC第二五六八号の「バージン・オリーブオイルの有機的特性を評価・管理するためのテイスティング・パネルの認定基準と手続き」が定められたことにより制定されました。

官能評価法の歴史は、一九八一年にIOCが国際的に認められる基準と方法の研究を開始したことに始まります。六カ国の官能分析とオリーブオイルの専門家が一九八二〜一九八六年にかけて手法を開発し、一九八七年にIOCに採用されました。これによって最初の官能評価法が策定されました。しかし当時はまだ、この官能評価法に法的拘束力がありませんでした。その後、一九九一年にEU規則に取り込まれたことによって法的拘束力を持つようになりました。

官能評価法が制定されるまでは、オリーブオイルの品質評価は化学分析のみで行われていました。しかし、化学分析だけではエキストラバージン・オリーブオイルの真正性を正確に評価出来ません。実際に、化学分析上では問題がないとされたオイルであっても腐敗臭がする場合があることが確認されたりしました。そのため、官能評価法と官能分析を行う専門家が必要となったのです。

　このオリーブオイルの官能評価法を確立したプロジェクトメンバーの一人が、世界で最も権威あるコンペティションの一つ、イタリア、ベローナで開催されるソル・ドーロ〈Sol d'Oro〉の創設者で大学教授のパネルリーダー、マリーノ・ジョルジェッティです。彼はエキストラバージン・オリーブオイルに関する本を多数執筆しています。

　マリーノはこう語ります。

「当時、オリーブオイルの官能特性を『客観的』に評価する定義と評価法が必要でした。国際オリーブオイル協会〈現・国際オリーブ協会〉はマリオ・ソリナス博士[*1]とペスカーラのエライオテクニカ実験研究所のグティエレス教授に官能評価法の確立を委託しました。

　私達はチームを編成し、オリーブオイルのグレードを判定するための基準と官能評価法を作り上げました。この官能評価法は国際オリーブオイル協会に提出され、一九九一年欧州経済共同体〈ＥＥＣ＝現ＥＵ〉がテイスティング委員会の設立をＥＵ法で制定しました。同時に官能分析を行う専門家、オリーブオイル鑑定士の資格要件と養成方法についても制定しました。

法案に先立ち、一九八九年にペスカーラでパネルテストが開催されました。参加者は、スペイン人、トルコ人、フランス人など一一名で、私もそのうちの一人です。マリオ・ソリナス博士と一緒に官能評価法について試行錯誤しました。官能評価の確立に参加し、世界初のオリーブオイル鑑定士のうちの一人となったことを光栄に感じています」

オリーブオイルの官能評価法は、一九九一年の制定以来、毎年二回ずつ会合が開かれ、技術の進歩や新たな科学的データや研究データに基づき、評価項目や評価方法が改善され、EU法が改定され続けています。

二〇一二年にはテイスティング講習会の開催手続き〈第二条〉、パネルリーダー養成の手続き〈第三条〉、国家リストへの登録〈第四条〉、パネル認定手続き〈第五条〉、認定維持手続き〈第七条〉が明確に定められました。さらに二〇一二年の改定では、パネルリーダー〈後述〉の数を減らし、鑑定士に対する基準が厳しくなりました。二〇二二年にもパネルテスト〈後述〉の検証方法が改定されました。その数は一四年間で二五回ほどにものぼり、このテーマに関する立法活動が活発であることがわかります。今日でも尚、改善に関する議論は続いています。一連の法律の改定は全てオリーブオイルの品質を守るためです。

官能評価とは

官能評価という名前の印象からか、主観的な評価を行うものと思われがちですが、実際は人間の感覚器官〈視覚、嗅覚、味覚、触覚、聴覚〉を用いて製品の特性を客観的に数値化する科学的な分析方法です。食品や化粧品、香水などの業界で広く用いられています。イタリアの食品業界ではオリーブオイルの他に、はちみつ、チョコレート、ミネラルウォーター、ワイン、パン、コーヒーなどの品目で国家資格を取得した専門家によって官能評価が行われています。

食品の官能評価では、対象食品の評価要素を味、香り、色、食感などの感覚要素に分解し、その食品の特性に応じた評価軸を設定します。例えば、オリーブオイル鑑定士仲間でカラブリア州のパネルリーダーでありパンの鑑定士でもあるジュゼッペ・ジョルダーノによると、パンの官能評価の主な評価軸は、視覚〈形状、色など〉、香り〈最初の香り、二次的な香り、三次的な香りと段階的な香りの分析〉、塩み、甘み、苦み、酸み、甘み、粘り気、なめらかさ、パンの湿度、固さなどが設定されているそうです。

食品の官能評価の結果は、品質管理や製品開発において重要な役割を果たします。特に品質管理においては、原材料と最終製品が定められた仕様に沿った食品になっているかを検証します。また、製品の消費可能性のあらゆる側面を考慮し、美味しく食べられる賞味期限を正しく定義します。食品偽造の観点からも、偽造されやすい製品の味、色、特異性などを確認します。

このように現在では官能評価は食品の品質評価において重要な役割を担っていますが、実はオリーブオイルは世界で初めて法律で品質評価の一部に官能評価を取り入れられた食品です。

ただ、皆さんの中にはエキストラバージン・オリーブオイルのように、法的効力を持つ品質評価を、なぜ人間の感覚器官を用いた官能評価で行うのか疑問に思う方もいるかもしれません。

最も大きな理由は、エキストラバージン・オリーブオイルの品質特性を正確に分析するためには、化学的な分析だけでは不十分だからです。化学分析はオイルの成分や特性を測定することは出来ますが、エキストラバージン・オリーブオイルにとって最も大切な香り、辛み、苦みとそのバランスといった官能特性を分析することは難しいのです。

人間の嗅覚に関する興味深い研究結果があります。

香りは「匂い物質」と呼ばれる揮発性を有する芳香族化合物が何百種類も集まって形成されています。匂い物質は数十万種類あるとされています。これを一つずつ鼻の嗅覚受容体で感知し、それらの情報を脳で統合することで初めて「香り」として認識します。数十万種類もある匂い物質の組み合わせは無限です。人間は約四〇〇種類の嗅覚受容体を持ち、一万種類の匂い物質を嗅ぎ分けられると言われています。しかも、香りは匂い物質の量の多さとは関係なく、ごく微量でも香りがする匂い物質が存在します。そのため香りの強さや特徴の分析は非常に困難で、現在の科学は人間の鼻のレベルまで達していません。エキストラバージン・オリーブオイルの特性である香りの分析は機械では実質、分析が難しいのです。

つまり、エキストラバージン・オリーブオイルが持つ香りや風味の複雑な特性を科学的に評価するには、人間の感覚器官を用いた官能評価が必要なのです。

オリーブオイルの官能評価は訓練された専門家によって行われます。オリーブオイル鑑定士にはオリーブオイルの特性を機械のごとく正確に分析する能力と技術が求められます。

ＩＯＣの規格では、官能評価を行うオリーブオイル鑑定士は「官能分析における測定器〈the measuring instruments in sensory analysis〉」であると記されています。官能評価において鑑定士はヒトであることを超えて測定器の一つと捉えられます。誰が分析しても、何度分析しても、同じ結果にならなければなりません。鑑定士は一人が何度も同じ結果を出せる反復可能性〈repeatability〉と、異なる鑑定士が分析しても同じ結果を出す再現性〈reproducibility〉を持つ「真の測定器〈a true measuring instrument〉」になるための訓練を受けます。

官能評価の対象

オリーブオイル鑑定士が行う官能評価の対象には、バージン・オリーブオイルの鑑定、DOPやIGPの鑑定、偽造エキストラバージン・オリーブオイル摘発のための鑑定、コンペティションの審査などがあります。

バージン・オリーブオイルの鑑定は、エキストラバージン・オリーブオイルかどうかの分析です。生産者が「エキストラバージン」と称して販売する場合、搾油した年と製造バッジの番号を明記し、公式認証機関にサンプルの分析を依頼して鑑定証明書を取得する必要があるからです。そのため生産者から「エキストラバージン」の鑑定と鑑定書の発行依頼がくるのです。

ＤＯＰやＩＧＰの鑑定はその認証条件を満たしているかを分析します。

ＤＯＰは、食品の品質が生産地の特質のみに起因することを意味します。ＩＧＰは地理的原産地によって製品の特性が異なることを意味します。具体的には、ＤＯＰは生産、加工、調理の全ての工程を特定地域内で行わなければなりません。一方ＩＧＰは、製品の生産、加工、または調理の一つ以上の工程を特定地域内で行えばよいとされています。

ＤＯＰやＩＧＰの認証自体は認証する機関や組合が行いますが、ＤＯＰやＩＧＰはエキストラバージン・オリーブオイルであることが条件として定められており、また、特定のＤＯＰやＩＧＰは品種によっては香りの強度と種類が登録申請の条件として指定されているものもあります。鑑定士はこれらの条件を満たしているかどうかの分析を行います。そのため、仮に組合が地域限定産であることを認証していても、官能評価でエキストラバージン・オリーブオイルの基準を満たしていないとされた場合は不適格とされることがあります。

因みに二〇二三年の統計によると、オリーブオイルのＤＯＰやＩＧＰの登録件数はイタリアが四九件でトップ、スペインが三三件で続き、三位はギリシャの三二件です。さらに、欧州六カ国から九件が申請中です。

偽造エキストラバージン・オリーブオイルの摘発のための鑑定は、正式な鑑定依頼が裁判所から発令されます。オリーブオイル鑑定士は、対象のオイルが表記通りであるかどうかを鑑定します。鑑定結果は、鑑定機関から依頼者へ報告され、報告書は問い合わせがあった際にいつでも開示出来るよう各鑑定機関が保管します。

オリーブオイルの官能評価法

オリーブオイルの正式な官能評価は、ＩＯＣと各国の農林水産省が認定する公的な鑑定機関で行います。鑑定の評価体制、環境、機器などはＩＯＣの規格に基づき細かく法律で定められ、定期的にＩＯＣ及び各国の農林水産省によって運営状況がチェックされます。

評価体制

正式な官能評価は、八〜一二名のパネルと呼ばれるオリーブオイル鑑定士と、鑑定結果に全責任を持つパネルリーダーで構成されるパネルグループによって行われます。

官能評価風景

鑑定士は機械のように正確に分析する訓練を受けていますが、もし一人の鑑定士だけで官能評価を行うと、個の特性が評価に影響を与えるリスクがあります。そのため複数の鑑定士で評価を行い、その結果を統計処理することで、個の影響を最小限に抑え、評価の客観性と信頼性を確保します。

評価環境

快適な環境で正確な評価を行うため、評価環境の条件が厳格に定められています。

●静かな環境

騒音などの妨害から隔離された静かで集中出来る場所であること。

●心地よい空間

適度な明るさがあり評価者がリラックス出

来ること。壁色は明るい無地であること。

●**個別の評価ブース**

隣の評価者の様子が見えないように、個別に仕切られたブースが設けられていること。

※ブースの寸法や設計も規定されています。

●**換気とにおいの管理**

部屋は十分に換気され、においがないこと。

●**適切な室温**

評価に集中出来るよう室温を二〇~二五度に保つこと。

●**評価の時間帯**

評価は午前中に行うこと。味覚と嗅覚に最適な知覚の時間帯があることが明らかになっており、食事前には嗅覚と味覚の感度が高まりその後低下します。適切な評価のため、食欲の感覚が五感を刺激し、嗅覚は空腹時に強化されることから、午前中を優先すべきとしています。実際に、通常パネルセッションは午前一〇時半~一二時に開催されています。

評価機器

官能評価を正確に行うために、評価に使用される機器も厳密に規定されています。

●テイスティンググラス

評価は対象の商品名やボトルの特徴が分からないよう、専用のテイスティンググラスを用いて行います。

オイルの特性を正確に分析出来るように、テイスティンググラスの形状やサイズはIOCの規格で定められています。具体的には、グラスの形状は底が広く、上部がすぼまった形状です。香りがグラス内に広がり逃げにくくします。素材はガラスです。紙やプラスチックは素材自体ににおいがあり、そのようなにおいがあると鑑定に影響を与えるため使いません。

オリーブオイルの色と品質は関係ありませんが、評価時、オイルの色による先入観を避けるため、グラスはコバルトブルーや赤

テイスティンググラス

色などでオイルの色がわからないようにしています。オイルの量は一五ミリリットルと決められています。

●ウォーマー

評価するオリーブオイルの温度は、二八度〈プラスマイナス二度〉と規定されています。この温度はオリーブオイルに含まれる様々な芳香成分を気化させやすく、より香りを感じやすいからです。この規定の温度を一定に保つため専用のウォーマーを使用します。

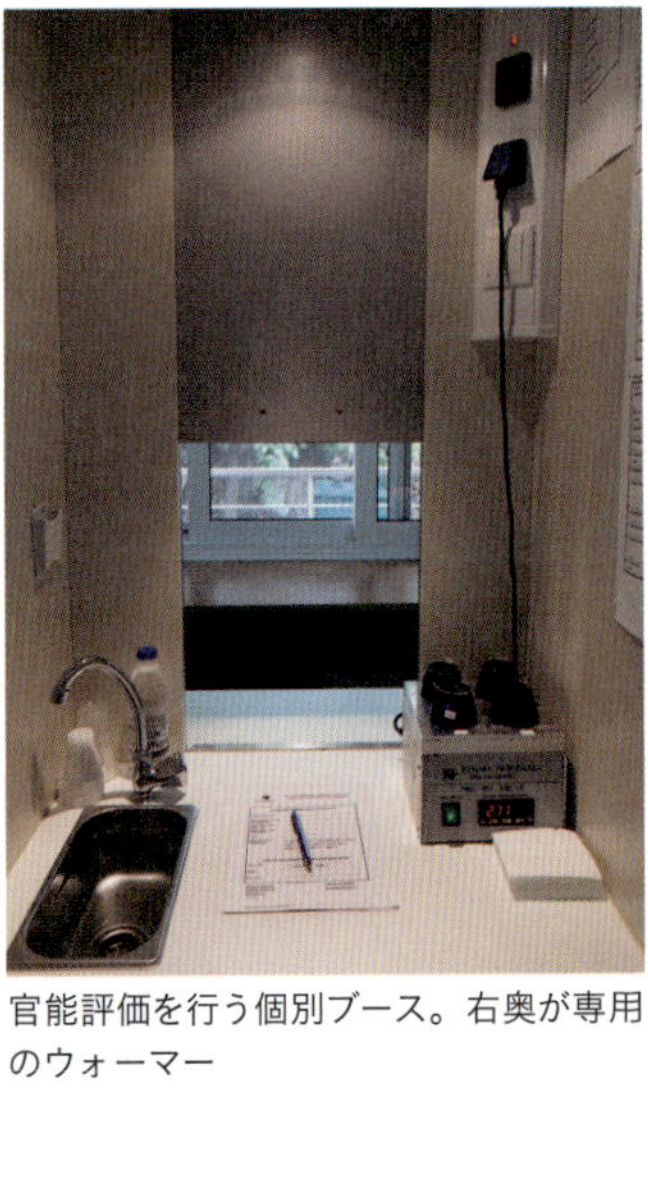

官能評価を行う個別ブース。右奥が専用のウォーマー

オリーブオイル鑑定士の倫理規定

オリーブオイル鑑定士には、正確で公平な評価を行うために守らなければならない行動規定と倫理規定がいくつか定められています。そのうちの基本的な条項を紹介します。

行動規定としては、評価中にタバコを吸わないこと、デオドラントや香水、においのあるハンドクリームをつけないこと。評価期間中は、スパイスなどの刺激物、ガーリックなど強いにおいの植物を食べないこと。評価室に携帯電話は持ち込まないことなどがあります。

倫理規定としては、体調がすぐれない、心理的ショック等で集中力に欠ける場合は評価を辞退すること。評価中は落ち着いて、全てのことを忘れて評価に集中すること。パネルグループを招集する機関や組織は、鑑定士を性別や年齢によって差別してはならないこと。機密保持 テイスティングした内容を外部に話さないこと。鑑定士は公正な評価が出来るよう、オリーブオイルの販売に直接関わらないことなどです。

オリーブオイルの評価内容

官能評価にはディフェクトと呼ばれる項目とポジティブと呼ばれる項目の二つがあります。官能評価ではまずディフェクトの有無を分析し、その結果はプロファイルシート〈評価シート〉に記載します。

コンペティションではディフェクトが確認されるとディフェクト用のプロファイルシート〈ネガティブの評価シート〉を使用し、ディフェクトの種類と強度を記入します。ディフェクトがない場合はポジティブの評価シートを使用し、香り、辛み、苦みの強度と種類などを記入します。

官能評価は感情的で主観的な表現で説明されるべきではありません。一般的に官能評価の強度は○・○〜一○・○までの間の数値を記入し、パネルグループの中央値を計算します。数字が大きい方が強度が強くなります。但しコンペティションの場合は運営機関によって数値の幅は異なります。

以前は評価シート〈紙〉に一○センチの横直線があり、一○点満点の場合は、左端が○点、右端が一○点とし、該当する強度の位置にチェックをつけていましたが、現在ではほとんどがデジタル版となり、直接数値を入力します。

ディフェクトがある場合(ネガティブの評価)

ディフェクトがある場合は、ディフェクトはまず種類を分析し、次に強度を分析します。

ディフェクトは大きく分けて実の問題と収穫後に起こる問題に大別されます。実の問題では、熟成が進み過ぎた、ハエが実の中に卵を産みつけた、干ばつで木自体が乾燥し過ぎた、凍結した、木が病気になったなどが考えられます。収穫後に起こる問題では、収穫した実を炎天下に長時間放置して実が酸化した、放置中にカビが生えた、搾油機械が十分洗浄されておらず前に搾油した搾りかすが残っていた、搾油中の温度が上がり過ぎた、撹拌の時間が長過ぎたなどが考えられます。

鑑定士であれば、ディフェクトの有無は鼻で嗅いだ瞬間にほぼわかりますが、ディフェクトの種類を正確に特定することは難しく、長年の訓練と経験が必要です。

しかしディフェクトはオイルに何らかの問題があるシグナルであり、ディフェクトの特定は重要です。ディフェクトの種類によって問題がオリーブの実の段階で発生したのか、それとも収穫後の処理過程に問題があったのかを突き止めることが出来ます。この特定作業は、オイルの品質管理や生産工程の改善に非常に役立ちます。

基本的なディフェクトの種類と特徴

ここで基本的な一六種類のディフェクトを紹介します。

●嫌気性発酵臭／泥状沈殿物臭〈morchia〉

高温によって発酵が進んだ条件で貯蔵した、もしくは貯蔵されたオリーブから得られたオイル、あるいはこのディフェクトを持つオイルと接触したことによる発酵臭。

●**カビ臭／湿気臭**〈**muffa- umidita**〉
湿度の高い環境で何日も保管されたために真菌や酵母が繁殖した実から得られたオイルの臭い。

●**ワイン臭／ビネガー臭**〈**avvinato-inacetito**〉
ワインやビネガーを思い起こさせる特有の臭い。

オリーブの発酵工程、または不適切に洗浄された機材内のオリーブペーストの残留物により、酢酸、酢酸エチル、およびエタノールの形成につながる。

●**メタリック臭**〈**metallico**〉
金属を思わせる臭い。研磨、練り、プレス、保管などの工程で、長時間金属表面にオイルが付着した際の特性。

●**酸敗臭**〈**rancido**〉
酸化したオイルの臭い。実は一般に「エキストラバージン」のラベルが貼られたオイルに最も多く見つかるディフェクト。

冷蔵庫に長く放置した肉の表面の生臭い臭いを思い浮かべてもらうとよいかもしれません。

●**酸敗臭**〈**rancido**〉〈**riscaldo**〉

どちらも日本語に訳すと酸敗臭となり非常に似ているのでこの二つは間違いやすいディフェクトですが、rancido が原料、つまり様々な発酵を引き起こすような状態で保管された搾油前のオリーブの実に関係しているのに対し、riscaldo は搾油後のオイルの保管状態の悪さが原因の酸敗臭。

● **加熱臭**〈cotto o stracotto〉

搾油中、特にサーモミキシング中に不適切な熱条件で行われた場合、過剰、もしくは長時間加熱によって得られたオイルの臭い。

● **藁臭／木の臭い**〈fieno-legno〉

乾燥した木の実から得られたオイルの臭い。

● **古いオイル臭**〈grossolana〉

古いオイルによって生成される、濃厚でペースト状の食感と臭い。

● **潤滑油**〈lubrificante〉

ディーゼルやグリース、鉱油を連想させるオイルの臭い。環境汚染、つまり搾油所の問題によるもの。

● **植物性水**〈acqua di vegetazione〉

発酵した植物性水と長時間接触したことによってフレーバーが変化したオイルの臭い。

- **塩漬け臭〈salamoia〉**

塩漬けして保存されたオリーブの実から得られたオイルの臭い。

- **アース〈terra〉**

土または泥を洗浄していない状態で収穫したオリーブの実から得られたオイルの臭い。

- **湿った木臭〈gelato〉**

霜の被害にあった実を搾油したオイルの臭い。

- **寄生虫臭〈verme〉**

オリーブミバエの幼虫〈Bactrocera Oleae〉の被害を受けたオリーブの実から得られたオイルの臭い。

- **ハエ臭〈mosca〉**

オリーブミバエの影響を受けた実から得られたオイルの臭い。腐った味と腐敗したフレーバーで、肉を食べているような印象。

上記以外にもディフェクトを感じた場合は、そのディフェクトの種類を「その他のディフェクト」に記入します。例えば、疲れたオイル〈stanco〉と呼ばれるオイルなどがそうです。

ディフェクトがない場合（ポジティブな評価）

ディフェクトがない場合、ポジティブな評価を行います。

ポジティブの評価シートには、嗅覚で分析した内容を記載する嗅覚パートと、口で香りと辛み、苦みを分析した内容を記載する味覚パート、そして全体バランスを記載する箇所があります。オリーブオイルとしての好ましい特性を備えているか。その特性は何なのか。鼻と舌、そして喉で分析します。

具体的には、まず鼻で香りを分析し、次にオイルを口に入れ、一気に喉まで吸い込み香り、辛み、苦み、そして口中に残る香りを分析します。

コンペティションではポジティブな評価の総合点の中央値で競い合います。総合点は、嗅覚パート、味覚パート、全体バランスの各パートの点数の合計点となります。各項目の点数や配分は各コンペティションによって異なります。

通常、総合点は一〇〇点満点ですが、ソル・ドーロでは満点が九〇点です。それは自然の産物であるエキストラバージン・オリーブオイルには満点はないこと、今はこれが最高だと思ってもこれから先、もっと素晴らしいエキストラバージン・オリーブオイルが出てくることを期待しているためです。

嗅覚パート

嗅覚パートではオリーブの実の熟成度、香り〈フルーティー〉、バランスを分析します。

●熟成度

評価シートの最初に、オリーブの実が未成熟な状態〈グリーン：Green〉か熟している状態〈ライプ：ripe〉かをチェックする欄があります。該当する香りにチェックを入れて、実の熟成度を判定します。

グリーンは未成熟な実に由来する香りで、フレッシュな青野菜の香りをイメージさせます。ライプは熟した実に由来する香りで、甘く熟した実の香りを感じさせます。品種によって未成熟な実であっても、グリーンの香りと強く甘い香りが混在する場合もあります。この場合は甘さが感じられてもグリーンという評価になります。

評価シートによって、鼻で感じる熟成度とは別に口中で感じる熟成度を個別にチェックする場合もあります。

●**香り〈フルーティー〉**

フルーティーさとは、オリーブオイルの特徴的な香りのことを言います。エキストラバージン・オリーブオイルの命です。香りの項目では香りの強度と種類を分析します。

まず香りの強度を分析します。最初に鼻で感じる香りの強さです。〇・〇～一〇・〇までの間の数値を記入しパネルグループの中央値を計算します。中央値が三・〇未満がライト、中央値が三・〇以上～六・〇未満がミディアム、中央値が六・〇以上がストロングです。

IOCが近年発表した官能評価の説明書には、顎にグラスを持った状態で香るのはストロング、鼻のそばでグラスを持った状態で香るのはミディアム。グラスの中に鼻を入れて香るのはデリケートと目安が提示されています。

次に香りの種類を分析します。例えばトマトの香りがする場合、グリーントマト、レッドトマト、トマトの葉は全て異なる種類の香りです。アーモンドの香りの場合も、グリーンアーモンド、ビターアーモンド、ドライアーモンドは全て異なる種類の香りです。この種類の豊富さこそ、他の油にはないエキストラバージン・オリーブオイルだけが持つ特徴です。

香りの種類はＩＯＣの規格に認証されているワードを用いて行います。好きな言葉や表現を自由に用いることは出来ません。

通常の官能分析ではＩＯＣで認定されている香りのワードを評価者が自分で記入します。しかしコンペティションでは、審査を迅速化するために事前に運営機関が選別した三〇～五〇個程度の香りのワードが用意されているのでその中から選びます。

●バランス

バランスとは、オリーブの新鮮さ、そしてグリーントマトや柑橘類、もしくはグリーンアーモンドなどオイルの特徴となる香りがどのように表れているかなど、香りの種類、その奥深さと複雑さのバランスを分析します。例えば、一種類だけの香りが感じられるオイルと、複雑な香りが層を織りなすように感じられるオイルがあります。一概には言えませんが、香りが複雑なほどバランスの評価は高くなります。

味覚パート

味覚パートでは口中で感じる香り、辛み、苦み、甘みなどを分析します。口中は鼻に比べて体温が高く、香りがゆっくりと広がるため、鼻では感じ取れなかった複雑な香りをいくつも感じ取ることが出来ます。

●香り〈フルーティー〉

香りは嗅覚パートと同様に、香りの強度と種類を分析します。

口中は温度が高いため、鼻に比べてより多くの香りを嗅ぎとることが出来ます。香りは鼻腔を通じて口中に戻るため、基本的に鼻で確認された香りの強度、深さは口中でも確認されなくてはいけません。

例えば、鼻ではグリーントマトの香りだけを感じたけれど、口中ではグリーントマトの後にハーブ、グリーンアーモンド、グリーンペッパーなど異なる香りや長く続く奥深い香りを感じ取ることがあります。一方、鼻ではとても香りが強いのに、口に入れたら香りがほとんどなく、辛みしか感じない場合もあります。この場合、アンバランスなオイルとして評価は下がります。

●辛み

辛みの強度と種類を分析します。

辛みはエキストラバージン・オリーブオイルの特性です。辛みがないオイルはエキストラバージン・オリーブオイルではありません。感覚的な刺激で、口中全体で感じますが、特に喉の奥を強く刺激します。

辛みと一口に言っても、ピンクペッパーとブラックペッパー、辛み大根、山椒、ハラペーニョの辛みは異なります。辛みの種類は香りの種類の欄に相当するワードを記入します。

辛みには一瞬の揮発性の辛みと、長く続く辛みがあります。同じペッパーでも、グリーン、ブラック、またはピンクペッパーでは、辛みの強度も持続時間も異なります。持続する辛みの方がクオリティが高いと評価されます。

●苦み

苦みの強度と種類を分析します。

エキストラバージン・オリーブオイルの苦みはオリーブの実本来の爽やかなものであり、ポリフェノールが豊富に含まれていることを表す好ましい特性です。しかし品種によってほとんど感じられないものもあります。

コーヒーやダークチョコレートの苦みのように、奥深く引っ張っていってくれるような苦みがクオリティの高い苦みです。一方、薬のような苦みはネガティブです。また、苦みとえぐみは区別して評価し、えぐみは木や実の水分不足に起因するためディフェクトとされます。

苦みの種類は様々です。アーティチョークの香りは苦みと連動しています。同じように胡桃、ブラックペッパーも苦みと辛みが連動しています。複雑に絡み合う方が評価が高くなります。苦みの種類は辛みと同様、香りの種類の欄に相当するワードを記入します。

●**甘み**

甘みの種類と強度を分析します。

甘みとは、いわゆる砂糖や熟した甘みではなく、実本来の甘みです。オリーブにはスイートアーモンドやジャスミン、バラの花のような甘い香りがする品種があります。一方、完熟したオリーブの実から作られたオイル特有の甘さの場合もあります。

●**バランス**

口中で感じる辛み、苦みのバランス、香りが辛みや苦みで消されていないかなどを分析します。味覚のバランスには、嗅覚の感じ方に加えて、口中で感じる辛みと苦み、甘みのバランスも加わります。例えば、苦みだけが際立って香りを覆ってしまうオイルは評価が低くなります。

●流動性〈フルイディティ〉

流動性では、オイルを口に入れた時、舌でスムーズに感じるか、もしくはベタつかないか、喉にひっかかりがないか、えぐみによる刺激がないかなどを分析します。

エキストラバージン・オリーブオイルはまるで油ではないかのようにさらっとしていて、喉をすーっと流れていきます。舌の上に幕を張るような滞るような感触はネガティブです。もしもベタつく感じがするのであれば何らかの問題があり、エキストラバージンではない可能性もあります。

評価シートによってこの項目がない場合もあります。

全体バランス

最後に香りと辛み、苦み、甘みが正確にリンクしているか、また辛みと苦みだけが際立って香りを覆っていないかなど、嗅覚のバランスと味覚のバランスを総合的に評価します。アンバランスな点がないことがよいバランスです。アンバランスとは辛みと苦みの中央値が香りの中央値を二ポイント上回るオイルです。

このバランスは、特にハイクオリティなエキストラバージン・オリーブオイルの審査において、クオリティのレベルを低い、中程度、よい、非常によい、プレミアムなど識別する指標にも使われる非常に重要な項目です。

●バランスの分析について

エキストラバージン・オリーブオイルのバランスの官能分析にはある一定の方程式が存在します。グリーントマトのみが際立つオイルの場合、苦みが強いことはまずありません。香りと苦みはある程度比例関係にあるのです。

但し、品種によってはこのような方程式が当てはまらないケースがあります。トロピカルフルーツの香りは酸化のプロセスと捉えられがちですが、品種による特性の場合があります。

バランスは他の項目に比べてより深く広い知識と経験が必要です。個性を知らないと正確な評価が難しいからです。様々な品種を繰り返しテイスティングすることで正しくバランスの評価が出来るようになります。

基本的な香りの種類と特徴

エキストラバージン・オリーブオイルの評価に用いられる香りの中から、ごく一部ですが代表的な六種類を紹介します。

ただこれまで述べてきたように、エキストラバージン・オリーブオイルはどれか一つの香りだけが際立つ場合もありますが、多くの場合、グリーントマトの後にグリーンアーモンドやルッコラ、そしてハーブの香りが広がり、最後にアーティチョークの香りが残るというように、いくつかの香りが複雑に絡み合います。

●トマト〈グリーン、レッド、葉や軸〉

国際オリーブオイル・コンペティションの最終審査で争うのは、通常グリーントマト系とグリーンアーモンド系です。

スペインの原品種ピクアル、もしくはパレスチナの原品種ナバリバラディ、カラブリア州の原品種グロッサ・ディ・カッサーノ、またはシチリア州の原品種トンダ・イブレアなどがこの香りを持つ代表です。

「グリーントマトの香りがするのは周囲にトマト畑があるのですか？」と質問されることがありますが、トマト畑が側にあるわけではなく、トマトと同じ分子をオリーブが持っているためです。

爽やかな青野菜として象徴的なグリーントマトの香りのオイルは万能なオイルとして多くの人に好まれます。通常苦みは強くありません。薬味の代わりとしても使えます。

●アーモンド〈生の殻に入ったグリーンの状態、甘いまたは苦い〉

特にイタリアの原品種カサリバやコラティーナ、フラントイオ、またはモロッコ産ピショリンなどが持つ香りです。グリーンアーモンドの香りは非常にキレがよく新鮮で、はっきりとした辛みや苦みを伴います。スイートアーモンドやドライアーモンドを感じる場合は、品種の熟成度に連動しているケースが多く見られます。

●青草〈フレッシュで刈りたて〉

新鮮な青草が香る田園や野原を散歩した記憶をはっきり覚えている人もいると思います。ハイクオリティなエキストラバージン・オリーブオイルであれば、そんな心地よい香りがよく見つかります。イタリアのラツィオ州の原品種イトラーナ、モリーゼ州の原品種のスペローネ・ディ・ガッロ、ギリシャの原品種ハルキディキ、スペインの原品種オヒブランカ、チュニジアの原品種シェトゥイがこの香りを特徴としています。

● **フラワー〈ジャスミンやローズなど〉**

花？と思うかもしれませんが、花の甘い香りを誇るオリーブの品種は世界に数多くあります。リグーリア州の原品種タジャスカ、レバノンの原品種スーリ、ギリシャの原品種マナキやコロネイキ、イストリアの原品種ブーザがこの特徴を持っています。この個性は、オリーブオイルの香りのブーケを豊かに奥深くして付加価値を高める要素です。甘みと熟成度が比例しないこともこの特徴から理解出来ます。

● **スパイスとアロマティックハーブ〈グリーンハーブとアロマティックハーブ〉**

バジル、タイム、カモミール、オレガノ、ローズマリー、シナモン、セージ、ミント、またはその他にも思いがけないハーブの香りは沢山あります。アロマ豊かなハーブの種類は非常に多く、スパイスとアロマティックハーブは同じカテゴリーでまとめることが多々あります。スペインの原品種アルベキーナ、イタリアのカンパニア州の原品種オルティス、サルデーニャ州の原品種ボサーナ、ギリシャの原品種コロネイキ、イスラエルの原品種バルネアがこの特徴を持っています。壮大で複雑な香りに出合うと感激します。

●フルーツ〈青い、もしくは熟した〉

オリーブオイルにはリンゴ、バナナ、マンゴー、グァバ、グレープフルーツなどエキゾチックフルーツの香りを特徴とする品種があります。特に南半球、またはイタリアやスペイン以外の地域の品種によく見つかる傾向です。ギリシャ原品種コロネイキ、シチリア州の原品種ビアンコリッラ、マルケ州の原品種のミニョーラ、スペインの原品種マンサニーリャやアルボサーナ、トルコの原品種アイヴァリク、アルゼンチンの原品種アラウコなどがこの特徴を個性としています。

オリーブオイル鑑定士になるには

オリーブオイル鑑定士は国家資格のため、鑑定士になるためには各国が法律で定める方法に従って資格を取得しなければいけません。

国によって違いはありますが、参考までに私が取得した時のイタリアの事例を元に鑑定士になる方法を説明します。

資格取得までの流れ

①各国の政府公認の講座に規定の回数通い修了書を取得する。

講座は一年間にわたり二週間に一回のペースで定期的に開催されます。

講座は理論と実習で構成されています。オリーブオイルについての理論講座を二〇回、テイスティング技能を磨く実践講座を三五時間以上受講します。

講座の講師はパネルリーダーが行い、パネルリーダー以外が開催する講座は認証されません。また一日に複数の講座を受講したり、短期間でまとめて受講したりすることは認められません。

②生理学的適性能力試験を受け適正能力認定証明書を取得する。

講座と並行して、生理学的適性能力を確認する適正能力確認試験を受けます。試験は四回あり、全て合格すると適性能力認定証明書が授与されます。

試験内容は受講者のにおいの閾値〈においを検出出来る最小値〉を測定するものです。具体的には、規定された四つのディフェクト〈酸敗臭riscaldo、嫌気性発酵臭morchia、ビネガー臭avvinato-inacetito、苦みamaro〉を一二段階の濃度〈強度〉で希釈したオリーブオイルを用いて行います〈苦みの場合はカフェインを水で希釈〉。これらを一二個のグラスに入れ、机に並べます。受講者は強度の順番を覚え、いったん部屋から出ます。受講者が退出中に幾つかのグラスは並べ替えられます。部屋に戻った後、それを元の正確な順番に戻します。一つ間違えると三点の減点で、九点減点となると不合格となります。

苦みはディフェクトではありませんが、強度の違いを判断出来るかを確認します。

適性能力試験は予想以上に難易度が高く、私が受験した時も一緒に受けた数人が不合格となっていました。

③農林食糧政策省に登録申請を行う。

適正能力認定証明書と講座の受講修了証明書を添え、住民票を置く市の商工会議所を通じて　農林食糧政策省に登録申請を行います。

登録するためには、講座を一年間にわたり定期的に受講しなくてはならず、しかも申請は住民票を置く市で行う必要があるため、海外在住者がオリーブオイル鑑定士の公式認定を取得することは難しいかもしれません。

④農林食糧政策省から登録完了の通知を受理し、オリーブオイル鑑定士となる。

各国の農林食糧政策省から商工会議所を通じて登録完了の通知を受理し、オリーブオイル鑑定士となります。

講座について

オリーブオイル鑑定士になるための講座がどのようなものかイメージしていただくため、こちらも参考までに私が取得した時の事例をお話しします。

理論を学ぶ講座ではオリーブオイルに関する知識を、農学、化学、製造、商業の視点から網羅的に学びます。必須内容はＩＯＣが定めていますが、講師であるパネルリーダーによって講義内容に幅があります。

●**講座内容〈一部〉**

・オリーブ栽培の農業としての原則
・オリーブ栽培、オリーブの収穫、搾油所でのオリーブオイル製造・加工・保存技術
・バージン・オリーブオイルの化学的・官能的特性
・オリーブオイルの品質に影響を与える要因
・国産オリーブ品種の特性〈該当する場合〉と、主要な国際オリーブ品種の特性
・関連法規に関する講義
・他

私はベネト州有機食品中央検査及び認証試験所〈CCPB〉の所長が開催する講座と、アドリア海近くにあるボローニャ大学農学部教授が教鞭を執る講座の両方に通い、土地や風土、土壌について学びました。一連の講義の中で印象深かったのは化学の講義です。オリーブオイルの化学式と分子式についての講義は、文系の私には最初はよくわからず、何のための講義なのかと疑問にさえ感じていました。しかし、「腕の数がいくつ

あって、それがどのように結合しているか」といったわかりやすい説明を聞くうちに、オレイン酸の特徴や、飽和脂肪酸と不飽和脂肪酸の違いが理解出来るようになりました。また、日本語では難しく感じる化学式ですが、元素記号はラテン語に由来しているため、イタリア語だと化学記号と名称が直結していて覚えやすく感じました。

オリーブオイルの実の中で起こる化学変化をはじめとして、ディフェクトを理解するためにも化学的な知識は重要な基本になります。香りやオイルの抽出なども結局は全て化学であり、その知識がなくてはクオリティの高いオイルを作ることも正確な鑑定を行うことも出来ません。実際、私の知る優秀な生産者の多くは大学で農学や化学を学んでいます。私もこの時学んだ化学の知識が今でもとても役立っています。

パネルグループ

晴れて鑑定士の資格を取得してもすぐに鑑定士として活動出来るわけではありません。正式なオリーブオイルの鑑定はＩＯＣと各国の農林水産省が承認するパネルグループで行います。そのため、必ずどこかのパネルグループに属さなければ正式な鑑定活動が行えないからです。

しかも、鑑定士の資格を有していれば誰でもパネルグループに所属出来るわけではありません。イタリアには鑑定士の資格を有する人が三〇〇〇人以上いると言われていますが、パネルグループを管理する公認パネルリーダーは六五名ほどと非常に少なく、パネルグループも六五ほどしか存在しないからです。仮に一つのパネルグループの所属人数が一五～一八名としても、圧倒的に枠が足りません。つまりパネルチームに所属すること自体が大変なのです。そのため長年空席を待っている人もいます。

ただ、鑑定士の資格取得後にパネルグループに所属するのは、正式な鑑定活動を行うためだけでなく、鑑定士としての能力を磨くためにも重要です。

鑑定士の資格を取得したということは、少なくとも一般的な香りを嗅ぎ分けられる嗅覚の適正能力は認められたということですが、誰もが最初から全ての香りやディフェクトを嗅ぎ分けられるわけではありません。鑑定士になった後も、隔週で行われるパネルグループのテイスティングの訓練を受けて技術を鍛える必要があります。

例えば私は二種の酸敗臭〈rancido と riscaldo〉の違いが、最初の頃はざっくりとしかわかりませんでした。しかし、パネルリーダーの指導を受け、様々な品種やディフェクトをテイスティングする訓練を繰り返すうちに、それらを正確に嗅ぎ分けることが出来るようになりました。また日本人である私にとって、グリーンアーモンドやアーティチョークの香りは嗅いだ経験がなかったため最初は難しかったのですが、実際にアーティチョークの畑に行き、その香りを嗅いだり、木から直接グリーンアーモンドの実を摘んで香りを記憶したりすることで、少しずつ理解を深めていきました。

パネルグループのテイスティングの訓練では様々なオイルを体験し、その特性を学んでいきます。パネルリーダーによって訓練の内容は異なりますが、私が所属するパネルグループでは、午前中に五種類のサンプルを全員でテイスティングし、その後、パネルリーダー自身が感じた香りの特徴を丁寧に説明しながら指導してくれます。この指導は時に三時間もかかることも珍しくありません。毎回、パネルリーダーに指摘されて初めて気づく香りの種類の多さと深さに感動します。

訓練で分析するオイルは生産者から提供され、パネルリーダーが目的に応じてその日のサンプルを選びます。同じオイルでも搾油直後と半年後、一年後と異なるタイミングでテイスティングし、その経時変化も分析します。分析結果はパネルグループの公式記録として残され、生産者にもフィードバックされます。オイルを提供する生産者にとっても、優秀なパネルリーダーから正確な分析結果が得られ、課題が明確になるため大きなメリットがあります。

提供されるオイルはパネルリーダーによって異なります。例えば、その地域の品種が集まるパネルリーダーもいれば、広い地域の信頼を受けて国外からも幅広くオイルが集まるパネルリーダーもいます。パネルリーダーが優秀であるほど、多くの生産者から素晴らしいオイルが集まります。

このテイスティングの訓練で重要なことは、数多くのオイルをテイスティングすることです。オリーブオイルは、原料となるオリーブの実の健康状態、収穫時期、搾油状況、保存方法によって、香りや風味、栄養価が変化します。訓練を通じて、完璧なエキストラバージンなのか、ディフェクトがあるのか、もしディフェクトがある場合どのような問題なのか、正確に評価が出来るようになります。

パネルリーダー

パネルグループを指揮するパネルリーダーは、オリーブオイルのテイスティングにおいて実績と経験を持つプロフェッショナルです。加えて、パネルの組織、運営、準備、サンプルオイルの収集、データの集計、統計処理、公式テイスティング証明書の作成に全責任を持ちます。パネルリーダーの多くは国や州、もしくは大学の研究所に勤めています。

パネルリーダーは鑑定士であれば誰でもなれる訳ではなく、パネルリーダーになるためには、専門の養成講座を受講し試験に合格しなければなりません。養成講座を受講するには、公式認証を持つオリーブオイル鑑定士であることに加え、省令によって認定されたパネルグループのメンバーとして少なくとも三年以上活動していなければなりません。パネルリーダーの数は農林水産省によって統制されていて、通常、養成講座と試験はパネルリーダーの欠員が出た場合にのみ行われます。

パネルリーダーは総じて優秀ですが、中には飛び抜けて優秀な人がいます。

私が所属しているＡＩＰＯ〈ベネト州オリーブ生産組合〉のパネルグループのパネルリーダーで、ベネト州食品検査研究所の所長を務める農学博士のオリエッタ・パヴァンもその一人です。彼女はテイスティンググラスを温めなくとも香りを嗅いだ瞬間に、的確に香りを分析します。エキストラバージン・オリーブオイルかどうか、エキストラバージンでない場合、ディフェクトの種類と強度の数値も即座に言います。さらに品種や産地も言い当てます。彼女はテイスティング講座に遅れてきた人がつけていたハンドクリームの香りの種類を、何メートルも離れたところから指摘しました。驚くほどの嗅覚能力なのです。

リングテスト

ＩＯＣは毎春、リングテストと呼ばれるパネルグループの能力検証試験を行います。パネルリーダー、及びパネルリーダーが管理するパネルグループの鑑定能力が維持されているか確認するためです。ＩＯＣに加盟する全ての国で一斉に行われ、パネルリーダーは毎年必ず受けなければなりません。

リングテストは通常の鑑定と同じように、八〜一二名からなるパネルグループで行います。

リングテストのサンプル内容はＩＯＣが方向性を決め、各国の農林水産省がサンプルを用意して全パネルリーダーに送られます。サンプル数は国によって異なります。例えば、スペインとイタリアの場合はサンプル数は五つ、隣国のクロアチアは四つです。サンプルにはＩＯＣが定めるコード番号が記載されています。サンプルは北半球全ての国のパネルグループに一斉に配布され、指定された期間内に鑑定して提出しなければいけません。パネルリーダー同士で官能評価について相談出来ないようにタイトな時間に設定されています。

リングテストで配布されるサンプルには、基本的にエキストラバージン・オリーブオイルが含まれていません。何らかのディフェクトがあるオイルです。実際には五つの内、一組全く同じオイル〈ペア〉が含まれています。年によって異なりますが、通常、バージン・オリーブオイルが二つ、ランパンテが一つ、ペアが一組〈二つ〉です。

エキストラバージン・オリーブオイルは含まれていないのは、エキストラバージン・オリーブオイルかどうかの分析は、ディフェクトの有無を嗅ぎ分けるだけなので比較的容易だからです。最も高い官能分析力が求められるのは、微妙なディフェクトの強度や種類の評価です。

リングテストでは最初にペアオイルを見つけ、次にディフェクトの強度と種類を官能分析します。

基本的にはリングテストの鑑定値〈ディフェクトの強度の値〉は、どのパネルグループも中央値に集中します。実際、イタリアのパネルグループのリングテストの鑑定値は、ほぼ同じ数値です。逆にデータから大きく外れる鑑定結果を出したパネルリーダーは、パネルグループを管理する能力がないとみなされ資格を剥奪され、そのパネルグループも解散になります。中央値から離れること以外にもペアオイルの間違い、ディフェクトの種類間違い、バージン・オリーブオイルとランパンテのカテゴリーの間違いは資格剥奪となる致命的なミスです。

一度資格を剥奪されたパネルリーダーが再びパネルリーダーに復帰した例を私は聞いたことがありません。実際に私の知り合いの熟練のパネルリーダーが資格を剥奪されるという事件が起こりました。リングテストのサンプルの番号が一部間違っていたようなのですが、現在もパネルリーダーの資格は取り返せず、パネルリーダーと名乗ることは出来ずにいます。

パネルリーダーにとって毎年行われるリングテストは最重要試験なため、自分のパネルグループから最も信頼出来る鑑定士を招集します。鑑定士にとってはリングテストに招集されるか否かで、オリーブオイル鑑定士として実力が認められているかの判断材料となります。

また、毎年リングテストを受けなければならないことによって、パネルリーダーは自分が率いるパネルグループのオリーブオイル鑑定士の更なる訓練と更新の育成に力を入れることになります。

世の中には、資格を取っただけのいわゆるペーパードライバーのような鑑定士も多くいます。鑑定士になったらそこで終わりではなく、そこから知識と経験を積むために日々努力が始まるのです。官能分析のレベル維持と向上のためには、パネルグループに所属し、常に多くのサンプルオイルをパネルリーダーの指導の下にテイスティングすることや、実際に現場に行き様々な体験をすることが重要です。優秀なパネルリーダーや鑑定士は驚くほど正確に香りを嗅ぎ分けますが、その裏には頻繁に畑に行き、搾油所に行くなど、豊富な実体験があります。

　隔週に行われるテイスティングで経験を積み、パネルリーダーに認められてリングテストに招集されるようになって初めて公的に活動している鑑定士と言えるのです。さらに鑑定士にとって実力が認められた証でもあるコンペティションの審査員もこの延長線上から選ばれます。

オリーブオイル鑑定士の仕事

　オリーブオイル鑑定士の主な仕事は官能評価を行うことですが、それ以外にも、警察と共に偽造オイルの摘発活動、生産者への指導やアドバイス、教育、消費者への啓発活動など幅広い役割があります。その中からいくつかお伝えします。

偽造オイルの摘発

　昨今はオリーブオイルの人気に比例するように偽造オイルの数も増えています。

国によって偽造の傾向に違いはありますが、最も多いのはクロロフィルでグリーンに着色したり、エキストラバージン・オリーブオイルでないものを「エキストラバージン」と詐称して販売するものです。

イタリアではオリーブオイルをはじめとする食品の品質を管理するため、冒頭でも紹介したASL、NAS、ICQRFなどの専門部隊が各省庁の下に設置されています。

彼らは抜き打ちでスーパーに出向き、棚に並んでいるオリーブオイルをランダムに採取してパネルグループにて官能評価を行います。ちなみに化学分析では偽造の証拠となる結果がほとんど得られません。例えば、ディフェクトの臭いを水と撹拌して消したりしているためです。しかし官能評価ではすぐに判明します。一旦偽造とわかると裁判所に官能評価結果を送ります。その後、裁判所から正式な調査依頼が発令されます。再度のパネルグループによる官能評価で偽造が明らかになると、警察が動き工場に立ち入り検査などが行われます。

よくある偽造の方法としては、ランパンテや粗悪なオイル、もしくは安価な種子油に三〜五%ぐらいのエキストラバージン・オリーブオイルかバージン・オリーブオイルを加え香りをつけ、クロロフィルでグリーンに着色し、エキストラバージン・オリーブオイルと称して販売するケースです。ランパンテや粗悪なオイルは臭いがあるため、脱臭などの精製処理が行われます。脱臭処理により無味無臭になるためバージンオイルの香りをつけて誤魔化すのですが、このように処理されたオイルは、開封直後はよい香りがしても、バージンオイルの量が極めて少ないため、数回使ううちに香りは消えています。当然、本来エキストラバージン・オリーブオイルに含まれるべき香りや栄養素はほぼ存在しません。

イタリアの場合だと、このような偽造は二つの罪に問われます。まず、ラベルにエキストラバージン・オリーブオイルと記載されているが中身が違う、偽りがある罪。もう一つは安価なオイルをエキストラバージン・オリーブオイルとして高く販売した、つまり不当な収入を得た罪です。後者は刑法に抵触するため罪も重くなります。

また、海水から抽出したヨードを水と撹拌してクロロフィルを足すケースもあります。海水から抽出したヨードは、特定の化学反応によって液体に粘性や色合いを与え、油脂類に似た外観を作り出すため偽造に利用されます。これも化学分析は通りましたが官能評価によって偽造が確認されました。化学検査を潜り抜ける方法はイタチごっこですが、唯一偽造オイルをストップ出来るのは官能評価になります。警察が摘発する決め手はパネルグループが行う官能評価です。但し、パネルグループによって摘発数が増える一方で偽造も巧妙になりつつあります。

これ以外に生産国詐称もあります。

他国で栽培されたオリーブの実をイタリア国内で搾油、またはボトリングする場合、本来、原材料の原産国はイタリアではなくなりますが、イタリア以外の国で安く栽培したオリーブの実をイタリアに輸入して加工し、「メイド・イン・イタリー」として偽証するケースです。そのため、ＩＯＣが毎年発表するイタリアのオリーブオイルの生産量に比べて、オリーブオイルの輸出量が上回るという不思議な現象が起きています。最近はイタリアでボトリングしていても、北アフリカからスペイン経由で輸入した実を搾油しているケースなど、三カ国、四カ国にまたがる偽造が増えています。

こういった偽造に対応するため、オリーブオイル鑑定士の間でも不正を摘発するための連携や輪が広がっています。少し前まではヨーロッパ間の連携が主でしたが、最近は北アフリカ、南米にも連携の輪が広がっています。

イスラエル国際オリーブオイル・コンペティションの審査員仲間、ペルージャ大学経済食品科学部の教授であり、エキストラバージンオイルのクオリティに関するユナプロール科学グループのコーディネーターのマウリツィオ・セルヴィリは「現在、オリーブオイルのラベルには、『エキストラバージン・オリーブオイル』としか記載されておらず、一〇〇%イタリア産という表示も製品の本当のクオリティを示すものではありません」と言います。

真のエキストラバージン・オリーブオイルを広めるためには偽造オイルを取り締まる必要があります。年々規制は厳しくなっているにもかかわらず、現実問題としてまだまだ不正は多く存在しています。このような問題に対応するためには、消費者がオリーブオイルの正しい知識を持つことも大切です。その一方で、オリーブオイルに関わる者が、生産者、販売者のみならず、私達鑑定士も含めて慢心せず、倫理観を高め、消費者が安心してエキストラバージン・オリーブオイルを手に取れる環境になるよう努力することも大切です。

生産者への指導

オリーブオイル鑑定士の大切な仕事の一つに、オリーブオイルの生産者や販売者への指導があります。多くの国際オリーブオイル・コンペティションで審査員を務める鑑定士は、受賞するオイルの特性やレベルを理解しており、国際的な情報と知識も持っています。生産者にとってコンペティションで受賞することは重要な目標ですので、客観的な官能評価やコンペティションで受賞出来るレベルに達しているかどうかのアドバイスを鑑定士に求めてくるのです。私も毎年、複数の生産者からその年に搾油したオイルの評価を求められサンプルが送られてきます。

また、ディフェクトの原因追求の依頼を受けることもあります。その場合、送られてきたサンプルを自身で評価することもありますが、公式な評価を提示するためにパネルグループに持ち込むことも多々あります。官能評価を行うことで、オリーブの品種や実の収穫タイミング、搾油と保存状態が適正だったかなど、原因や改善点がわかります。原因はハエやカビなどわかりやすいものから、木の水分不足のようにわかりにくいものまであります。時には原因を特定するため、生産者と共に畑や搾油所に行き、状況を一つずつ確認することもあります。

新規参入する生産者に対し、オリーブ栽培の指導を行うこともあります。私も新規参入する若いイスラエルの生産者にアドバイスを求められ、栽培品種についてアドバイスを行っています。この生産者の目標はコンペティションで受賞出来るハイレベルのオリーブオイルを作ることであり、自分の土地に適し、かつ個性が明確でブレンドオイルとしても個性を引き立て合える品種を選ぶことでした。

彼は当初自国の品種ではなく、スペインやイタリア、トルコから苗木を仕入れて栽培することを考えていましたが、私は受賞オイルを目指すために、産地の個性を最も引き出せるイスラエルの原品種スーリの栽培をすすめました。原品種には、原産地で栽培しなければ引き出せない特別な魅力があるからです。特に国際的なコンペティションで戦うには、他の地域では作れない個性を大切にする必要があります。結果的に彼は、イスラエルの原品種スーリとバルネア、イタリアの原品種モライオーロを栽培することにしました。モライオーロは、イスラエルと乾燥した気候が似ているトスカーナ州の原品種で、多様性があり比較的栽培しやすいのです。ブレンドした際に香りと辛みや苦みの深みが出ます。同じくイスラエルと気候が似ているチュニジアのシェトゥイとシャミシェリという品種もすすめました。スパイシーで辛みがあり、苦みはマイルドですが特徴的な香りを持つ品種です。

鑑定士という仕事の醍醐味は、このようにクオリティの高いオリーブオイルを生み出す現場に深く関われることだと思います。

生産者とオリーブオイル鑑定士は密接につながっています。

オリーブオイルをテイスティングして、クオリティとディフェクトの評価をするだけでは意味がありません。評価のその先へとつなげることが大切なのです。鑑定というニーズは何のために生まれてきたのかという原点に立ち返ると、オリーブオイルを正しく評価し、その結果を生産者にフィードバックし、生産者と共によりハイクオリティなオリーブオイル作りを目指すためだと思います。クオリティを高めるためのシステムの一つとして、官能評価があり鑑定士がいます。

昨今、パネルリーダーや鑑定士が大幅に増加し、その能力のばらつきが大きくなってきています。IOCはパネルリーダーの数を減らし、鑑定士も実際に活動している人だけを更新、認証し、淘汰する方向に改定しました。鑑定士は今までは一度取得すれば終身有効な資格でしたが、この改定によって一定年数以上活動していないと資格を失効することになりました。二〇二三年三月からは直近三年間の活動実績証明の提出が義務付けられ、活動実績が乏しい鑑定士は資格が失効することになりました。またIOC公認のパネルリーダーが開催する講座以外は、鑑定士の養成講座として公式に認められなくなりました。この背景には世界的にオリーブオイルが注目され、各国政府も政策として力を入れ始めたことがあります。それに伴い、オリーブオイル鑑定士の数を増やす以上に、鑑定士の質を高めることに重点が置かれるようになってきたからです。

この一連の流れによって鑑定士誕生の原点に戻ることになります。高いレベルの官能分析力を持ち、倫理観を重んじ、日々活動する鑑定士が残ることは、真のエキストラバージン・オリーブオイルが広まり、クオリティが守られることに繋がるでしょう。

今後オリーブオイルはさらに注目され人気も高まり、今までオリーブオイルを食さなかった国々でも消費されるようになります。鑑定士はオリーブオイルのビジネスに直接的に関わらず、公平に作り手について消費者に伝えることが出来る数少ない存在です。

オリーブオイル鑑定士は生産者と消費者との架け橋となり、慢心せずに日々の訓練を怠らず、真摯にオリーブオイルに向きあって自分自身の官能評価能力を向上させなければなりません。こういった倫理観が強く、高い官能評価能力を持つ鑑定士は皆、互いをよく知っています。これからもオリーブオイル鑑定士達は強い絆を持ち、さらに密な連携をとっていく必要があると考えています。

＊1 **マリオ・ソリナス（Mario Solinas）教授**　オリーブオイル官能評価の祖。一九八八～一九九一年までペスカーラのエライオテクニカ研究所のエライオ化学部門長、所長などを歴任。官能評価法を確立し官能評価の父と呼ばれる。現在もマリオ・ソリナスの名を冠するコンペティション、賞などがある。

COLUMN

法の番人達

オリーブオイル鑑定士の章でも紹介しましたが、イタリアではオリーブオイルをはじめとする食品の品質を管理するため、厚生省の機関であるASL、国防省の機関であるNAS、農林水産省の機関であるICQRFといった専門部隊が各省庁の下に設置され、各組織が独自に農産物と食品に関連する保護、調査、検査、摘発を行っています。これらの専門部隊で活躍する二人の法の番人を紹介します。

食品偽造対策と衛生国家憲兵組織
〈NAS＝Nuclei Antisofisticazione e Sanità dei Carabinieri〉
ミケーレ・パストーレ Michele Pastore

私がオリーブオイル鑑定士の国家資格の取得試験を受けた時、NASの五名と一緒でした。楽しく面白く、そして真摯に講座を受け、共に最終試験に臨みました。試験を通じて親しくなったＮＡＳの中尉憲兵のミケーレ・パストーレは、今でも友人であり、官能評価を共に行う仲間でもあります。

ミケーレが所属するＮＡＳは国家治安警察隊 アルマ・デイ・カラビニエーレ〈Arma dei Carabinieri〉の専門部隊です。カラビニエーレは現在イタリア国防省の一組織ですが、元々は一八一四年にイタリア国王の憲兵隊として誕生した組織です。一九四三年、当時の独裁者ムッソリーニを逮捕して第二次世界大戦を終焉させたのがカラビニエーレであったことは今もイタリアで語り継がれています。現在も国防省の中で独立した地位を占め、軍隊の階級を持ち、恒久的な公安任務を担う憲兵隊であり、法的な権限と特権が与えられています。

カラビニエーレになるのは非常に難しく、特別な訓練や試験による特殊な国家資格を取得するだけでなく、三世代前に遡って親戚に至るまで犯罪歴を調査されると言われています。本人にとっても家族にとってもカラビニエーレになることは大変な名誉です。警察の制服がブルーを基調にしているのに対し、カラビニエーレの制服は黒で稲妻を模した赤い側章が入っています。紋章には炎が描かれ、忠誠、忠実、名誉を表現しています。

現在のカラビニエーレの創設は一九六二年一〇月一五日に遡ります。食品と飲料の生産と取引の衛生規制に関する法律第二八三号を受け、軍の総司令部が保健省と国防省の協力の下、主要都市に六つのカラビニエーレの組織を設置しました。

設立当時、この部隊は当時の保健省の内閣の上官と、ミラノ、パドヴァ、ボローニャ、ローマ、ナポリ、パレルモに配置された四〇人ほどの士官で構成されていました。その後多くの功績が認められ、この組織の存在感、任務は拡大し、現在では一〇〇〇人を超えるカラビニエーレによって構成されています。

カラビニエーレ司令部はイタリア国内に広く配置されているため、地方でも迅速に調査を開始することが出来、国家レベルでの対応も可能です。また、保健当局や司法当局と迅速に対応するための情報収集も行っています。ユーロポールやインターポールなどの警察組織との頻繁な連携や、国際的なフォーラムにも関わっています。司令部は、食品、非食品、医薬品の主要なコミュニティ警報システムと繋がっていて、時には国境を超えた司法警察活動も行います。創設以来、NASの活動は、保健省や様々な専門分野の運営者と協力することで功績を収め、とりわけイタリア国民から大きな賞賛を集めています。

NAS組織の特徴は、保健省ではなく国防省の傘下にあることです。このため健康保護、食品偽装、衛生、医薬品に関する独自の調査や捜査を行う権限を与えられています。

全てのNASの検査官は食品の官能評価に関する国家資格を取得し、専門的なトレーニングを積んだ専門家です。オリーブオイル以外にも、コーヒー、ミネラルウォーター、カカオ、パン、ハチミツといった様々な食品に対する鑑定士の国家資格を取得しています。検査官は司法警察官と捜査官の両方の役割を担います。

彼らの捜査と検査は、消費者による苦情や要請、または保健省や司法省からの委任によって実施します。市場に出回る製品が法律や製造規則に基づく品質基準に適合しているか確認し、様々な詐欺や偽造行為を摘発し、起訴することが出来ます。

NASの活動は、生産から加工、販売、そして家庭の食卓に届くまで、農業食品全てのプロセスを対象としています。例えば、食品偽造を明らかにするために、市場で販売されている商品を調べ、どのような商業ルートでイタリアに流通しているかを特定します。これは偽造や偽の「メイド・イン・イタリー」が最も頻繁に起こるというイタリア特有の問題を象徴しています。

特にエキストラバージン・オリーブオイルは、農業食品において厳格に管理されている部門の一つです。カラビニエーレ達は、オリーブオイル鑑定士の適正能力認定証明書を取得しています。NAS司令部には専用の研究所がないため、官能評価を行う機会は多くありませんが、部門の検査官はトレーニングと専門知識の向上を図るため、個々にオリーブオイル鑑定士向けの特別講座に参加しています。

ミケーレは、実際に彼が関わった中で最も印象的だった二つの捜査について語ってくれました。新聞でも大きく取り上げられた事件です。

一つは、バーリとミラノで三九人が逮捕され、製油所七カ所が押収された事件です。二万五〇〇〇キログラムのタンクと、一万五〇〇〇缶、二八〇〇本のボトルに入った偽造エキストラバージン・オリーブオイル、三万三〇〇〇個のラベル、二五〇キログラムのクロロフィルが押収されました。これにより、着色された偽造オイルがアメリカやドイツへ輸出されるのを阻止することが出来ました。

この犯罪組織は海外に架空の会社を設立し、膨大な量の精製オイルを管理し、存在しない商標を通じて国内市場に参入し、多大な収入を得ていました。

この複雑な活動の過程で、ＮＡＳのオリーブオイル鑑定士は小売店や生産現場で見つかったオイルの官能評価を行い、偽造商品を特定して押収しました。

もう一つは、エキストラバージン・オリーブオイルの生産、包装、販売に特化した犯罪組織に対して二〇件の検挙を行った事件です。そのうち二件はドイツで、関係者は違法活動に対する責任を問われています。

この犯罪組織は、専門分野の起業家と実務部隊で構成され、イタリアの一部とドイツを拠点に、架空の会社を通じて、種子油から大量のエキストラバージン・オリーブオイルを製造し販売していました。製品にはクロロフィル、βカロチンが添加され、偽造オイルはイタリアのケータリング業界やドイツの大型流通店で販売されていました。

この調査は、欧州司法機構〈Eurojust〉、欧州刑事警察機構〈Europol〉、ドイツの司法機関および警察の協力の下で行われ、ドイツでは一五万リットルの偽造油が押収されました。

このようにエキストラバージン・オリーブオイルの犯罪は利益が大きいため、国境を超えたスケールの大きなものが多くあるのです。

イタリア農林食糧政策省　農林水産食糧政策省中央監査機関

〈ICQRF＝Ispettorato centrale della tutela della qualità, e della repressione frodi dei prodotti agroalimentari〉

シモーネ・デ・ニコラ Simone De Nicola

国際オリーブオイル・コンペティション、ソル・ドーロの審査仲間にシモーネ・デ・ニコラがいます。彼は他にもいくつかのオリーブオイルコンペティションの審査員も務めていますが、本職はＩＣＱＲＦの検査官です。

ＩＣＱＲＦは、農産物および食品の品質保護と不正防止を目的とした中央検査機関です。一九八六年に、農産物の品質保護と不正抑止を目的とした農産物セクターにおけるヨーロッパ最大の管理機関の一つとして設立されました。

ＩＣＱＲＦは世界中の企業や組織と連携して活動しています。二〇二〇年には、七万九九三件の食品不正防止に関するデータを登録し、そのうち五万八八二四件は検査、一万二一六九件はサンプル分析を行いました。調査対象は三万七五〇八人、七万七〇八〇品目に上り、一一％の製品が規格外、サンプル分析においては七・四％が規格外であることが発覚しました。また、オリーブオイルに関する調査はその内の一万六四六件でした。ＩＣＱＲＦは、ＤＯＰやＩＧＰに関する調査にも積極的に取り組んでおり、二〇二〇年には一一四二件のＤＯＰやＩＧＰに関する調査を実施しました。さらに、アマゾン、アリババ、eBayなどのオンラインショップと連携し、一〇七九件の調査結果では九九％の摘発に成功を収めています。

ＩＣＱＲＦはイタリア国内に二九のオフィスがあります。因みに、シモーネはナポリ出身ですが、中・北部イタリアを中心に活動しています。不正を防ぐために出身地から離れたところで任務を行うという規約があるからだそうです。

ＩＣＱＲＦの主な活動は食の安全と偽造に関する検査です。

安全に関しては、ラベルに記載された情報が真実であることを検証するため、企業の生産工程、管理・会計書類の立入検査を定期的に行います。偽造摘発については、エキストラバージン・オリーブオイルの真正性を確認するために、ランダムに製品を採取し、ＩＣＱＲＦの研究所で分析を実施します。

実際の調査方法には物理的調査と書類調査の二種類があります。

物理的調査とは、加工・貯蔵施設、工場、設備の検査、加工される製品のバッチ検査によって実施するものです。書類調査とは、事業者が食の安全に関する全ての条件を満たしていることを確認するものです。オリーブオイルにおいては、搾油所への立入検査、生産工程のチェック、ラベル表示から保管方法、価格に至るまで抜き打ちで検査を実施します。

例えば販売店に対する物理的調査では、販売用に陳列されているオイルのラベル表示をチェックし、疑わしい場合はサンプルとして検査します。ただ、現実的には販売されている全てのオイルを検査することは難しいため、検査対象をどれにするか見極めることが重要です。シモーネと一緒にオリーブオイルの棚を見ていた時、商品名とラベル表示を見ただけで「これは検査対象だな」と指摘することがありました。長年の検査官の経験と、オリーブオイルのコンペティションの審査員として様々なオイルを審査してきた経験が、検査対象オイルに対する勘を働かせるのだと思います。

物理的、書類的調査の結果、発覚した犯罪は、刑事事件を除き、全て行政処分の対象となります。処分は調整と監視を任務とする中央行政機関が実施します。

シモーネは実際に起こった中で最も大規模な事件について語ってくれました。同僚が担当し、シモーネも協力した事件です。

「クローチェとデリツィア〈十字架と美味しさ〉」と名付けられたICQRFの調査報告書に端を発した作戦は、フィレンツェ検察庁が指揮を取りました。ICQRFの調査官とNASの国家憲兵組織は、大量の種子油に着色物質〈クロロフィルとβカロチン〉を添加しエキストラバージン・オリーブオイルと表示して販売していた犯罪団体を解体しました。

同時に、マネーロンダリングと盗品の受け取りで二人を自宅軟禁とし、他の二人の被験者は六か月間の食品取引の禁止としました。偽造エキストラバージン・オリーブオイルはプーリア州で生産され、トスカーナ州のレストランやバー、パン屋、食品の卸売業者などにも流されていました。捜査中にも五リットル缶に入った一六トンの偽造オイルが押収されました。着色偽造は最も頻繁に起こる事件ですが、この事件はスケールが大きかったのです。

皆さんには意外かもしれませんが、イタリアは偽造オイル数が多い一方で、農産物や食品に関する非常に厳しい法律や複数の調査や摘発組織が存在し、日々詐欺や偽造と戦っています。彼らは使命感を持ち、真摯に食の安全と消費者を守っているのです。

第7章

テイスティング

テイスティングはエキストラバージン・オリーブオイルの特徴を正確に知ることが出来る方法です。

この章で紹介する方法は、ＩＯＣが定義している正式なテイスティング手法です。プロの鑑定士もこれと同じ方法で評価を行っていますが、難しいものではなく、誰でも簡単に出来るシンプルな方法です。

毎回テイスティングをする必要はありませんが、新しいエキストラバージン・オリーブオイルを開ける際にはテイスティングをすることをおすすめします。

エキストラバージン・オリーブオイルは品種によって香りや風味が全く異なります。様々なエキストラバージン・オリーブオイルをテイスティングすることで、品種の違いなどもわかるようになり、料理に適したオイル選びや自分の好みのオイルを見つけることが出来ます。

また、エキストラバージン・オリーブオイルはラベルに記載された情報からは判断出来ないことが多々あります。同じ品種であっても、栽培地、その年の気候、搾油状況、保存状況によって変わります。同じ年、同じ生産者が搾油したオイルでもロットによって変わります。自らテイスティングすることで、オイルの特徴をよく理解することが出来るようになります。

皆さんの中には油を口に入れることに抵抗がある方もいるかもしれません。しかし、エキストラバージン・オリーブオイルはオリーブの実を搾っただけの生搾りオリーブジュースです。いわゆる油っぽさやヌルッとした嫌な感じは全くありません。さらっとしていて、すーっとすぐに消えていきます。雑味が一切なく、様々な植物やハーブのよい香りだけが口中に広がります。

ただ、この爽快感は言葉では伝わらないでしょう。百聞は一見に如かず。是非一度試してみて下さい。新鮮な青野菜や完熟前のフルーツのようなフレッシュな香りを感じてみて下さい。最初は一つ二つの香りしか感じ取れないかもしれません。何の香りなのか判別も難しいかもしれませんが、テイスティングを繰り返すことで感じ取れる香りが増えていきます。難しく考えずに楽しんで挑戦してみて下さい。

エキストラバージン・オリーブオイルのテイスティング方法

エキストラバージン・オリーブオイルのテイスティングで大切なことは、香りを感じ取ることです。

プロがテイスティングを行う場合は、室温は二〇～二四度、オイルの温度は二八度、テイスティンググラスの形状や素材なども全て決められていますが、家庭で行う時は、そこまで厳格である必要はありません。容器も手の平にすっぽりと納まるぐらいの小さ目のカップやおちょこなどで構いません。

テイスティングは精神状態や体調、テイスティングする空間によって感じ方が変わります。出来るだけ落ち着いた状態で、周囲に花やルームパフュームなどのにおいがない場所で、自分自身にもにおいのあるハンドクリームなどをつけないで行って下さい。

①香りを立たせるため、手でエキストラバージン・オリーブオイルを温めます。

グラスに一五ミリリットルほどオイルを入れます。

香りを立たせるため、片方の手でしっかりと蓋をし、軽くグラスを回しながらオイルを人肌程度に温めます。季節にもよりますが三~五分ほど温めます。温めることで香りの分子が揮発し、香りをより感じやすくなります。

②鼻を近づけ、エキストラバージン・オリーブオイルの香りを確かめます。

グラスに鼻を近づけ、温めることで立ちあがったオイルの香りを嗅ぎます。グリーントマトやレタスやセロリ、ルッコラやグリーンアーモンドの香りなど様々な香りの種類と深さを感じます。

香りは揮発性が高いためすぐに消えてしまいます。集中して香りを嗅いで下さい。最初に嗅ぎ取れる香り、第一印象の香りが最もオイルの特性を表しています。

③口を横に開き喉の奥まで一気にエキストラバージン・オリーブオイルを吸い込みます。

口を横に開き、歯は閉じたまま、歯の隙間から「シィー」と音がでるほど、空気と一緒にオイルを一気に喉の奥まで吸い込みます。

●喉の奥で辛みを感じます。

喉の奥で辛みを感じて下さい。咳き込むほどの辛みに驚くかもしれません。エキストラバージン・オリーブオイルの辛みは、口の粘膜が受ける刺激による一種の灼熱感です。口中で唐辛子や胡椒など、どのような辛みなのか、どれくらい続くのかを感じます。

辛みの正体はポリフェノールです。基本的に辛みが強いほどポリフェノールの含量が多いことを示しています。辛みがないオイルはエキストラバージン・オリーブオイルではありません。

●舌の奥で苦みを感じます。

舌の奥で苦みを感じます。品種によって苦みがあるものとほとんど感じられないものがあります。苦みはオイルの個性です。苦みが強いほどポリフェノールの含量が多いことを示しています。

●口中に広がる香りを感じます。

最後に口中に広がる香りを感じます。

空気と一緒に吸い込むことによって、香りが鼻腔の奥に抜け口中に広がります。

鼻では一瞬だった香りが、口中では様々な香りが何層にも広がり、長く感じ取ることが出来ます。口中は温度が高いので、鼻で嗅ぐ時より香りを感じやすくなります。鼻で感じた香りを確認しながら他の香りも嗅ぎ取ります。

辛みや苦みも揮発性が高くすっと消えていきます。口中にオリーブ以外の雑味が一切残らないのが、エキストラバージン・オリーブオイルの特徴です。

エキストラバージン・オリーブオイルを楽しむための
テイスティングの方法

エキストラバージン・オリーブオイルの特徴

- 豊かなオリーブの香りがする
- 喉の奥で辛みを感じる
- 口中にオリーブ以外の雑味が残らない

1
香りを立たせるため手でオイルを温める

香りを立たせるため、片方の手でしっかりと蓋をし、軽くグラスを回しながらオイルを人肌程度に温めます。季節にもよりますが、3～5分程度。温めることで香りの分子が揮発し、より香りを感じやすくなります。

2

鼻を近づけ
オイルの香りを確かめる

温めることで立ち上がったオイルの香りを一気に嗅ぎます。グリーントマトやレタスやセロリ、ルッコラやグリーンアーモンドの香りなど様々な香りの種類と深さを感じます。

3

口を横に開き喉の奥まで
一気にオイルを吸い込む

口を横に開き、歯は閉じたまま、歯の隙間から「シィー」と音がでるほど、空気と一緒にオイルを一気に喉の奥まで吸い込みます。

● 喉の奥で辛みを感じます

辛みの正体はポリフェノールです。辛みがないオイルはエキストラバージン・オリーブオイルではありません。基本的に辛みが強いほどポリフェノールの含有量が多いことを示しています。

● 舌の奥で苦みを感じます

品種によって苦みがあるものとほとんど感じられなものがあります。苦みが強いほどポリフェノールの含有量が多いのですが、苦みはオイルの個性です。

● 口中に広がる香りを感じます

香りが鼻腔の奥に抜け、口中で広がります。鼻では一瞬だった香りが、口中では様々な香りが何層にも広がります。辛みも苦みも揮発性なのですっと消えます。口中にオリーブ以外の雑味が一切残らないのが、エキストラバージン・オリーブオイルの特徴です。

ここでは専用のテイスティンググラスを用いましたが、ご家庭で行う時は、手の平にすっぽりと納まるぐらいの小さ目のカップやおちょこなどでお試し下さい。

第8章
コンペティション

昨今、世界各国で数々のオリーブオイルのコンペティションが開催されています。

コンペティションの動向について、ソル・ドーロの創設者マリーノ・ジョルジェッティはこう語ります。

「世界的にオリーブオイルのコンペティションは増える傾向にあります。コンペティションの主なる目的は、地域ごとに異なるオリーブオイルの豊富さと魅力を消費者や業界関係者達に伝え、優秀な生産者を讃えてクオリティの向上に努めることです。真正なコンペティションは、ハイクオリティなエキストラバージン・オリーブオイルを世界市場に広める重要な機会であり、ＤＯＰやＩＧＰのような地理的表示保護制度とそこに栽培される原品種の個性を伝えることにもつながります」

マリーノの言う通り、コンペティションの目的は、素晴らしいエキストラバージン・オリーブオイルとその生産者を讃えて世界に発信すること。コンペティションを通じオリーブオイルのクオリティ向上に努めることです。その背景には、ハイクオリティなエキストラバージン・オリーブオイルの存在が正しく市場に伝わっていない現状があります。

世界には中小規模にもかかわらずハイクオリティなオイルを作っている生産者が多く存在します。単一品種や有機栽培にこだわり、DOP認証を受け、品種の特徴を引き出したオイルを作っている生産者もいます。しかし中小規模の生産者達の多くは人手も少なく、オイルのクオリティを高めることで手一杯で、販促にまで投資する余裕がありません。そういった生産者のオイルは消費者になかなか届かず、消費者の目に付くオリーブオイルの大半は、資本力、販促力がある大企業のオイルばかりになりがちです。そのような状況の中、ハイクオリティなオイルを目指す生産者達にとってコンペティションで受賞することは、自分達のオイルの存在を世界にアピール出来る最大のチャンスです。受賞オイルは、コンペティションのホームページやメディア、各地のプレゼンテーションやワークショップを通じて国際的に紹介されます。受賞の証であるコンペティションのラベルを受け取り、ボトルに付けて、存在感を示すことも出来ます。

コンペティションでは、品質と共に個性を競い合い、より優れたエキストラバージン・オリーブオイルが賞賛されます。

コンペティションの概要

正確な数は分かりませんが、世界には大小合わせると何百という数のコンペティションが存在します。大きく分けると、国際規模で開催されるものと地域限定で行われるものがあります。特にオリーブオイル生産大国として歴史のあるイタリアやスペインはコンペティション数が多く、イタリアだけでも国際レベルから地域限定のものまで合わせると一〇〇以上と言われています。

国際的なコンペティションには世界各国からエキストラバージン・オリーブオイルが集まり、多種多様な品種が競い合います。その中には、知名度が非常に高く市場への影響力の大きいコンペティションもあります。地域限定のコンペティションにはＤＯＰやＩＧＰの認証審査を兼ねた小規模なものや、オーガニックに特化したものがあります。中にはイタリア最大のオリーブオイル・コンペティション、エルコレ・オリヴァリオ〈Ercole Olivario〉のように、イタリア全域から各地の商工会議所を通じてＤＯＰまたはＩＧＰ認証を得た全オリーブオイルがエントリーする大規模なものまであります。

コンペティションの運営は、大学や研究所、市や州政府などの公的機関から依頼された組織が行うものと、起業家が行うものがあります。前者は文化的かつ教育色が強く、後者はビジネス色が強い傾向があります。

開催時期は北半球、南半球それぞれの収穫のタイミングに合わせて、北半球は二月〜六月、南半球は一〇月〜一二月に行われます。

コンペティションの審査員はオリーブオイル鑑定士が務めます。国際的なコンペティションの場合、世界中から選別された鑑定士が集まります。主に生産指導や育成指導の実績がある人や大学教授、研究所の所長などを務めている鑑定士達です。公平性を保つため、オリーブオイルのビジネスに直接的に関わっている人は基本的に除外されます。一部優秀な生産指導者や搾油所の鑑定士が招聘される場合がありますが、その際は自身が生産や商業的に関わっているオリーブオイルをエントリーすることは出来ません。審査員となる鑑定士は、審査の開始前に利益相反に関する同意書に署名します。

因みに審査員の交通費と現地での滞在費は運営側が負担しますが、審査自体はボランティアで行います。それでもオリーブオイル鑑定士にとって、由緒あるコンペティションの審査員に選ばれることは、実力が評価され信頼されている証になります。特にソル・ドーロのように公的機関が運営するコンペティションは、審査員の選定基準が厳格で高いスキルが求められるため大変な名誉です。

コンペティションの流れ

コンペティションの大まかな流れは次のようになります。

①エントリー

オリーブオイルの生産者は、コンペティションの主旨、開催国、審査員の顔ぶれを見ながら、エントリーするコンペティションを選びます。審査員の顔ぶれを見るのは、コンペティションの信頼性や公平性、そしてコンペティションのレベルが推定出来るからです。

エントリーには、オリーブオイルのサンプル〈二〜三本〉、ＩＯＣが規定する方法で測定した化学分析表〈オレイン酸や過酸化物、ビオフェノール、ＵＶ分光光度法の結果、k232、k270、Deltak値など〉、および登録料が必要です。

必要書類はどの国際コンペティションも基本的に同じですが、コンペティションによって「搾油するオリーブの実は自社畑で栽培、収穫したものでなければならない」という条件が含まれるものもあります。オリーブオイルの真正性を大切にするというコンペティション本来の基本方針から外れるためです。他国から安いオリーブの実やオイルを輸入してブレンドしている企業はエントリーしていても除外されます。

②スクリーニング

エントリー数が四〇〇を超える大規模なコンペティションでは、審査に十分な時間を確保するため、明らかにディフェクトのあるオイルを予め外すスクリーニングが行われます。

生産者はエントリー時にオリーブオイルの香り〈フルーティーさ〉の強度をデリケート、ミディアム、ストロングのどれに該当するかを自主申告しますが、スクリーニング時に審査員が申告内容に関わらず、オイルを再分類します。

スクリーニングでは口には含まず、鼻だけでディフェクトの有無を嗅ぎ分けます。ただ、意見が割れたり、判定が難しい場合は口に含みます。口中は鼻に比べて体温が高くディフェクトの臭いがより際立ち、鼻では感じにくかったディフェクトを確認することが出来るからです。

明確なディフェクトのオイルだけを外し、ディフェクトに近いと分析されたオイルは残します。ディフェクトと分析されたオイルのサンプル番号とディフェクトの種類をシートに書き込み保管します。

コンペティションによってディフェクトの数は異なりますが、スクリーニングで落とされるオイルが三割に達する場合もあります。

※スクリーニングや官能評価にかける時間は、運営側の判断により異なります。昨今はスクリーニングを実施しない場合もあります。

③審査方法

審査は収穫時期の異なる北半球と南半球のオイルを完全に分けて行います。北半球のオイルは搾油直後で新鮮でも、南半球のオイルは搾油後一年近く経ち、香りや辛み、苦みが搾油直後に比較して劣化することがあるためです。

コンペティションの審査は、通常の官能評価と同じく、最低八人以上の鑑定士を集めて行います。一般的には八〜一二名ですが、ニューヨークなどエントリー数が多いコンペティションでは一五〜一八名で審査することもあります。

コンペティションは優れたエキストラバージン・オリーブオイルの称賛が目的のため、ディフェクトの分析は種類の特定のみで強度までは明記しません。

コンペティションの審査シート、香りの評価ワードなどは主催者側が用意します。

基本的に、香りの評価ワードはＩＯＣ基準に沿った世界共通のものですが、コンペティションが開催される国や地域によって多少異なります。例えば一般的にハーブの香りは「ハーブ」と総称します。しかし、ローズマリー、タイム、セージなど詳細にハーブ名まで明記する場合と、グリーンハーブやアロマティックハーブを分けている場合もあります。これらは地域性によるもので大きな意味はありません。

香りの評価ワードや各評価項目の統計処理方法は、各コンペティションのノウハウのため公表されません。最近はデジタル入力が一般的になり紙のシートは無くなりつつありますが、審査シートを持ち帰ることは厳禁です。

審査は先入観や偏見を排除し公平で客観的な評価が出来るようにサンプルオイルの情報は伏せて行います。全てコード番号で管理され、かつ、審査が進むごとにコード番号をシャッフルされます。サンプルオイルは審査員が入れない部屋で管理されるため、審査員は審査中のオイルが何かは授賞式まで全く分かりません。

審査の方法について、ご参考までにソル・ドーロを例にお伝えします。

ソル・ドーロの審査会場は体育館のように広く、会場の隅々にデスクが置かれています。隣の審査員が見えないようにパネルで仕切られ、向かい側の審査員も遠く離れているため、表情も見えずアイコンタクトも出来ません。完璧に孤立した環境の中で黙々と、早朝から夜まで一日、六五〜八〇個のオイルをテイスティングします。

多くのコンペティションでは一度に四〜五つのオイルが配られますが、ソル・ドーロでは間違えるリスクを徹底的に排除するため、サンプルオイルは一つずつ配られます。しかもサンプルが配られる度に、ソル・ドーロの審査委員長であり、パネルリーダーのマリーノ・ジョルジェッティがコード番号を全員に確認します。審査員が評価を入力した後、公証人が全審査員の入力を確認しマリーノに通知し、その後、次のオイルが配られます。

審査中は審査員がテイスティングに集中出来るよう、室温、湿度、換気、壁の色まで審査環境全てが整えられています。休憩中には会場の外を歩き、外気を吸ってリセット出来ます。舌に残る苦みを緩和するための青リンゴやヨーグルト、十分な水が適切に準備されます。よくオリーブオイルのテイスティングにパンが出されているのを見かけますが、パンには油や塩が含まれ味がついているため、プロの官能評価では使いません。

審査中は、生産者や品種の情報が一切わからない状態でテイスティングをしていきます。その中で個性の強い単一品種を推察しながら評価することも楽しみの一つです。苦みが強くグリーンアーモンドやセージ、ローズマリーなどのハーブの香りを特徴とするイタリアのコラティーナ、ジャスミンの花と薔薇の香りが特徴的なギリシャのコロネイキがくるときた！と直感でわかります。一方で初めて出合う品種や、生産地域によって全く異なる個性に魅了されることも、国際コンペティションの審査の醍醐味です。

審査では点数の高い順に五〜六つのオイルがファイナルに進みます。最終日は審査員がフレッシュな状態で審査出来るように、ファイナル審査のみを行います。

通常のコンペティションでは、一定の点数以上がゴールド、次にシルバー、そしてブロンズと受賞の基準となる点数が設定されています。そのためゴールドを受賞するオイルが多くなることがあります。

しかし、ソル・ドーロでは各部門にゴールドは一つのみ。シルバー、そしてブロンズも各一つと受賞オイルの数が非常に少ないため、最後まで熾烈な戦いになります。審査はスクリーニング、審査、セミファイナル、そしてファイナルへと進んでいきますが、セミファイナルからファイナルに進む時、コード番号が数字からアルファベット表記〈ＡＢＣＤＥ〉に変わります。審査員は一番上位のサンプルから順にアルファベットを入力します。評価が完了すると退室し、決選投票になる場合に備えて待機します。同率で複数のオイルが一位になった場合、決選投票となります。決戦投票になると、AとBなど新たなコード番号を振り直した二つのオイルを再度テイスティングして一つを選びます。

ソル・ドーロでは、スクリーニングから審査、そしてファイナルまで全ての審査員が同じオイルを何度もテイスティングします。

④受賞発表

受賞式では各部門、カテゴリーのゴールド、シルバー、ブロンズ、そしてゴールドの中から最も優れたオイル一つだけに贈られるベスト・イン・クラスが表彰されます。受賞数はコンペティションによって大きく異なります。ニューヨーク国際オリーブオイル・コンペティションでは一〇〇を超えるオイルがゴールドを受賞しますが、ソル・ドーロでは各部門にゴールドが一つのみです。

受賞オイルの表彰式は、受賞オイルの生産者、メディアとジャーナリストやバイヤーを招待して行います。授賞式の日程はコンペティションの最終日、もしくは数週間後など様々です。授賞式で販売は行われませんが、受賞オイルをテイスティングしたり、生産者の話を直接聞けたりする有意義な情報交換の場となります。

授賞式後、受賞リストに名前がないと生産者が運営側に問い合わせをしてくることがあります。生産者は自社のオイルに自信を持っていますので受賞出来なかった理由を確認したいのです。問い合わせの中には、受賞は逃したけれどハイクオリティなオイルもあれば、ディフェクトによって外されたオイルもあります。ディフェクトと評価されている場合、運営側はディフェクトの種類を伝えます。

生産者がコンペティションにエントリーする目的は、受賞して市場を広げることですが、受賞を逃した場合でも、プロの鑑定士による評価を通じて課題点がわかることは意義あることです。また、世界各国のオイルと競い合うことで、自社のポテンシャルや今後の改善点なども見えてきます。運営側も評価結果のフィードバックを通じて生産者の品質向上をサポートします。

授賞式には通常審査員は招待されません。審査員はあくまでも、審査を行う技術者であり、審査が終了した段階で審査員の仕事は終了だからです。結果の集計は主催者側が行いますので、審査員は後日発表される情報を見て、受賞オイルを知ることも多々あります。

部門とカテゴリー

コンペティションはオイルの特徴や種類によって、部門とカテゴリーに分けられています。部門とカテゴリーはコンペティションによって異なります。

主な部門とカテゴリー

- **ブレンドオイル部門〈デリケート／ミディアム／ストロング〉**
- **単一品種部門**
- **DOP部門**
- **オーガニック部門など**

部門とカテゴリーは生産者が自ら選んでエントリーします。

部門とカテゴリーの種類、生産者のエントリーの傾向には市場動向が反映されます。最近では、単一品種部門やオーガニック部門へのエントリー数が増える傾向にあります。

エントリーオイルの中には、単一品種であり、ＤＯＰやオーガニックオイルでもある場合があります。その場合、一概には言えませんが、単一品種部門に最も自信のあるオイルをエントリーすることが多いようです。単一品種を作るためには、その品種だけで十分に搾油出来る栽培規模が必要であり、収穫時は他の品種も栽培されている畑から一品種のみを選んで収穫しなければならず手間がかかります。何より単一品種は品種の個性を最大限に引き出すために、栽培、収穫、搾油に至るまで、全ての工程できめ細やかな手入れが必要です。単一部門はそれだけ難易度が高くハイレベルだからこそ目指されるのです。それでも単一品種部門のエントリー数は全体の三割程度です。それだけ単一品種を作るのは難しいのです。だからこそ、単一品種での受賞は非常に名誉なことです。

単一品種部門の次はDOP部門に多くのエントリーがあります。限られた地域の認証された原品種のオイルのみがエントリー出来るからです。

最近では、フレーバーオイル部門やビギナー部門、容器のデザインを競うデザイン部門など、新たな部門が設けられています。

特にフレーバーオイル部門のエントリー数は市場の拡大とともに増加の傾向にあります。

フレーバーオイルを審査する場合は、ベースに使われているエキストラバージン・オリーブオイルのクオリティ、フレーバーのクオリティ、エキストラバージン・オリーブオイルとフレーバーのバランスを審査します。フレーバーが化学的に作られたものと自然素材から抽出されたものでは香りが明確に異なります。

ビギナー部門は、搾油を開始して三年以内、もしくはごく少量の搾油量の生産者のみがエントリー出来ます。この部門は新規参入する生産者のサポートという目的を持ちます。コンペティションによって規定は異なりますが、生産者なら誰でも生涯に一度だけエントリー出来るので貴重な実績になります。

ブレンド部門は一〇年以上前まで、デリケートのエントリー数が多くありましたが、現在では減少し、ミディアムが最も多くなり、次がストロングとなりました。抗酸化作用が豊富に含まれたハイクオリティなオイルを目指すとミディアムやストロングに行き着くからです。

審査の観点

国際コンペティションには世界中から様々な品種が集まります。

皆さんの中には、特徴の異なる個性豊かなオリーブオイルをどのように評価し、どのように比べ、優劣をつけているのか疑問に思う方もいるかもしれません。

審査ルールはコンペティションでも通常の官能評価と同じです。公平性を重視し、数人の意見や趣向で決まることがないように、必ず八名以上の官能評価の中央値を取ります。ただ、コンペティションで最終審査に残るオイルはどれもほぼ完璧で、正直どのオイルが受賞してもおかしくないレベルです。その中で順位を決めるとなると、最後はオリーブの個性がどれだけ際立っているか、特徴的な香りがいかに複雑に折り重なっているか。ストラクチャーと呼ばれる香りと風味の構成の深さと複雑さなどが決め手になります。例えばトマトと言っても、青い軸、葉、未熟なグリーントマト、熟したレッドトマトは全て香りが異なります。ハーブにもセージやローズマリー、バジル、ミント、オレガノ、レモングラス、ユーカリなど様々な香りがあります。これを嗅ぎ分け、バランスを分析するのです。さらに最初の香りの後にどれだけ多くのポジティブな香りが感じられるか。どんな辛みや苦みが感じられるか。フレッシュで鮮やかな香りが複雑に絡みあっていると評価は高くなります。

私が鑑定士になったばかりの頃、パネルリーダーから教えられた言葉があります。

「オリーブオイルの審査は動物園にいると想像して行いなさい。象の鼻が長く美しいか、キリンの長い首が曲がっていないか、ライオンのたてがみにツヤがあって美しいか。象とキリンを比較してはいけません。それぞれの動物、つまりオリーブの品種を理解した上で評価しなさい」
イタリアの品種をギリシャの品種に当てはめて評価すると、評価を間違ってしまいます。イタリアはイタリア、ギリシャはギリシャ、つまり、キリンはキリン、ライオンはライオンとして評価しなくていけません。キリンとライオンを同じ視点から評価してはいけないのです。品種は世界中にたくさんあります。その世界の品種をしっかりと理解し、個性がしっかりと引き出されているかを評価しなくてはいけません。

そのためには世界中に存在する多くの異なる品種の特徴を熟知しなければなりません。コンペティションで受賞するためには、オリーブの品種本来の特徴が引き出され、個性豊かな香りや風味となっていることが必要です。最も代表的とされているグリーンアーモンドやグリーントマトの香りが絶対とは言えないのです。品種の多様性を理解し、個性を否定することなく、正確な官能評価を行うことが求められます。このような評価を行うためにも、コンペティションの審査で重要なのは品種の特徴や個性の知識と経験です。

ひと昔前までは、国際的なコンペティションでもエントリーする国や地域はイタリアやスペインなど地中海沿岸の生産大国にほぼ限られていました。しかし今日は、世界中から様々な品種のオイルがエントリーします。世界中に存在する品種を公平に正しく評価するためには、審査員も常に勉強し、知識を深めなくてはいけません。

昨年ペルーで開催されたソル・ドーロ南半球のコンペティションでは、私も含め熟練のイタリア人やスペイン人など現地以外の審査員が明確にその香りを表現する言葉が見つからないオイルがありました。現地の人以外は初めて接するハーブだったからです。しかしその後、現地の食事にそのハーブを使った料理が出てきたのです。現地の審査員にそのハーブの名前を尋ねると、アンデス山脈に生息する野生の高山植物だと教えてくれました。

原品種の香りはその地に住む人がよく知っています。原品種の香りは彼らに教えてもらい記憶します。その繰り返しが経験となり、より正確に鑑定出来る下地になります。私自身、世界中で開催される国際コンペティションの審査を務めることによって知識と経験が豊かになったと感じています。そういった意味でも、近年のコンペティションにおいて、開催国出身の審査員数が増えてきていることは重要かつ価値のあることと言えます。審査員の多様化は、グローバルな視点だけではなく、地域の特性を尊重した評価につながります。

世界のコンペティション

世界的に最も注目されるオリーブオイルのコンペティションについて一部ご紹介します。いずれも私は審査員を務めさせていただいています。

ソル・ドーロ〈Sol d'Oro〉

北半球　イタリア、ベローナ州／SOL d'Oro 南半球〈開催地は毎年変更〉
https://soldorointernational.com

ソル・ドーロは、イタリア北部ベローナ市でベローナ・フィエラ〈ベローナ国際展示会〉が毎年開催する国際オリーブオイル・コンペティションです。ＳＯＬは、サローネ・ディ・オーロの略です。

二〇〇二年にベローナ市が約四〇%の株を所有する国際イベント開催会社が、イタリアのバイヤーに対してエキストラバージン・オリーブオイルに関する知識を広めるためにスタートしましたが、すぐに国際化し、栽培、搾油国を代表するオリーブオイル鑑定士が審査員として招聘されるようになりました。現在ではハイクオリティなエキストラバージン・オリーブオイルの促進とオリーブの栽培地や品種の特徴を世界に広める役割を果たしています。

このコンペティションは最も審査基準が厳しいことで知られ、世界的に最も権威あるコンペティションと業界の専門家から重要視されています。ＩＯＣの官能評価法を確立したメンバーの一人、マリーノ・ジョルジェッティ教授が審査委員長を務めています。

ソル・ドーロは、エントリーオイルだけでなく審査員に対しても規定が厳格です。

ソル・ドーロの審査員は一五名ですが、審査員に選ばれるためには推薦者が必要です。推薦された審査員候補は、鑑定士としての登録内容とその真偽、活躍実績について調査、審議されます。一度審査員として招聘されても、コンペティション中の評価値がパネルグループ全体の評価の中央値から大きく外れた場合は次回から招聘されません。

審査は北半球と南半球を分けて行います。部門には、ブレンド部門〈デリケート・ミディアム・ストロング〉、単一品種部門、オーガニック部門、ＤＯＰ部門、ビギナーズ部門があります。先ほども述べましたが、ソル・ドーロは各部門にゴールド、シルバー、ブロンズが一つずつと、受賞オイルの数が非常に少ないため、受賞することは難しくそれだけに注目度も高くなります。セミファイナルまで残った場合はグラン・メンツィオーニと呼ばれる名誉賞を贈られます。

オリーブオイルの生産者にとってソル・ドーロは、非常に高い目標です。受賞オリーブオイルは地中海沿岸地域をはじめ、重要な輸入国とされるアメリカや日本、中国など世界的な注目を集めています。

ソル・ドーロは教育的な視点も大切にしています。

審査委員長のマリーノは、受賞オイルの特徴について紹介文を自ら執筆し、ソル・ドーロのホームページ上にイタリア語、英語、日本語、中国語で発表しています。受賞だけでは伝わらないオイルの個性を説明するためです。また自らバイヤーやメディアに向けて受賞オイルのテイスティングセミナーを行い、実際に香りや風味の深さを伝えています。マリーノは多くの鑑定士達から尊敬されています。彼のセミナーには深い知識を直接学ぼうと、生産者やバイヤーなどプロ達が集まります。

通常コンペティションは一つの場所のみで開催されますが、ソル・ドーロは北半球と南半球とそれぞれで一回ずつ、年に二回開催される珍しいコンペティションです。そのため搾油時期による不公正さがありません。北半球は毎回イタリアのベローナで開催されますが、南半球は各回によって開催地が変わります。南半球も北半球と同じようにエントリー数が集まり、コンペティションが成立するのは、ソル・ドーロの世界的な知名度と格式の高さの証でもあります。

二〇二三年のソル・ドーロ南半球オリーブオイル・コンペティションはペルー南部のタクナで開催されました。アンデス山脈を東に見ながらタクナに向かって飛行機が降下すると、そこには砂漠が広がっています。こんなところで?と思っていると、砂漠のあちこちにオリーブの木々がグリーンカーペットのように栽培されているのが見えてきました。タクナ周囲はアンデス山脈と海に挟まれ、水源に恵まれた豊かな土地です。

ソル・ドーロが南半球で開催されることによって、南米以外のオーストラリアや南アフリカからもエントリー数が増加しました。タクナのコンペティションにエントリーしたオイルの多くはクリオイヤ品種で、次いでスペインやイタリアから苗木を輸入して栽培しているオイルでした。しかしそれらのオイルの香りは原産国で栽培されたオイルの香りと異なっていました。北半球では滅多に出合えない青マンゴーやアンデス山脈に生息する野生のハーブの香りが印象的でした。北半球で開催されるコンペティションでも南半球のオイルを審査する機会はありますが、三〇〇本を超える南半球のオリーブオイルが一堂に会すのはソル・ドーロならではと言えます。

エルコレ・オリヴァリオ〈Ercole Olivario〉

イタリア、ウンブリア州
https://www.ercoleolivario.it

一九九三年にスタートし、一昨年三〇周年を迎えた世界で最も古い歴史を持つイタリア国内のコンペティションです。世界最大のオリーブ原品種保持国であるイタリアの原品種を保護し、ハイクオリティなエキストラバージン・オリーブオイルの生産者を支援することを主な目的として誕生しました。経済的、文化的な観点から、イタリアの農業食品生産部門において重要な役割を担うエキストラバージン・オリーブオイルの価値を高めて国内外に広く伝え、促進しています。

エントリー条件は、イタリアのＤＯＰかＩＧＰ認証を得た地域で栽培、生産したオリーブオイルに限られています。各地の商工会議所を通じ、各地域のＤＯＰかＩＧＰ認証を得た全オリーブオイルがエントリーします。そのためエントリー数は世界最大で「オリーブオイル界のオスカー」と称されています。

二〇州に分かれたイタリア全州の商工会議所が連携して予選審査を行います。各地域から最も優れたオイルが選抜され、ウンブリア州のペルージャで最終選考が開催されて受賞オイルが決まります。二〇二四年第三二回では約一一〇種の原品種を持つ九三〇〇

Ercole Olivario®

のオリーブオイルがエントリーし、各州の予選審査を通過した一一〇のファイナリストから、最終的に一二のオリーブオイルに賞が贈られました。

イタリア産エキストラバージン・オリーブオイルの魅力と文化を国外に広めた貢献者に対し、古代ギリシャ時代にオリーブオイルの入った壺を保存していた船の呼称から名付けられたレキュトス〈Lekythos〉賞が授与されます。記念すべき三〇周年に私はレキュトス賞を授与されました。

イタリア国際オリーブオイル・コンペティション〈EVO IOOC〉
イタリア、カラブリア州
https://evo-iooc.it/en

世界中の重要なオリーブオイル・コンペティションで審査員を務める農学博士アントニオ・ジュゼッペ・ラウロによってスタートした国際オリーブオイル・コンペティションです。

二〇二三年度のＥＶＯＯＷＲ〈エキストラバージン・オリーブオイル・コンペティション世界ランキング〉で第二位、イタリアでは最高ランクに選ばれました。因みに世界第一位はニューヨーク国際オリーブオイル・コンペティションです。

　このコンペティションを主催するアントニオは、長年各地の国際コンペティションの審査員を務め、南半球でも生産者へ指導を行うオリーブ業界の有名人です。このため、このコンペティションには、中東のパレスチナやイスラエル、ヨルダン、南米からはブラジルやアルゼンチンなど世界中からオリーブオイルがエントリーします。審査員にとっても珍しい原品種と出合え、世界中で活躍する鑑定士達と意見交換する貴重な機会を与えてくれるコンペティションです。

ニューヨーク国際オリーブオイル・コンペティション〈NYIOOC〉

アメリカ、ニューヨーク州
https://nyiooc.org

　オリーブオイルタイムズ〈Olive Oil Times〉というオリーブオイルに特化したウェブマガジンの創設者カーティス・コードによって二〇一三年にスタートした世界最大規模の国際コンペティションです。二〇二二年度は二八カ国から一二四四のオリーブオイルがエントリーしました。世界各国のエキストラバージン・オリーブオイルの認知の拡大を目的としているため、ゴールドの受賞数も一〇〇以上に達します。

生産者にとっても、市場としても、また世界に向けた情報発信地としても、ニューヨークで受賞することは非常に価値あることです。そのため世界中のオリーブオイル生産者がこのコンペティションに注目しています。

収穫の時期が異なる北半球と南半球のオリーブオイルがバランスよく集まることが特徴です。南半球と北半球それぞれにブレンド部門〈デリケート・ミディアム・ストロング〉、単一品種部門、オーガニック部門があります。

審査には、国際的に活躍する鑑定士達が世界中から招聘されます。審査員にとっても、他の国のコンペティションではテイスティングする機会の少ない北米産や南米産のハイクオリティなオリーブオイルに出合えることは、ニューヨークという国際都市が生む醍醐味です。

但し、新型コロナ感染症収束以降、他のコンペティションは対面審査に戻りましたが、現在もオンライン審査で行っています。

東京国際オリーブオイルコンテスト〈JOOP Japan Olive Oil Prize〉

日本、東京都
https://jooprize.com

日本最大のコンペティションで二〇一三年にスタートしました。

ＪＯＯＰは、エキストラバージン・オリーブオイルの素晴らしさとその文化を日本に正しく伝えることを目的にしています。日本の消費者にハイクオリティなエキストラバージン・オリーブオイルを伝え、世界各国のエキストラバージン・オリーブオイルの生産者と日本の輸入者を繋ぐ役割を果たしています。来日する国際審査員達によるセミナーの開催や、審査後のサンプルオイルを調理や栄養を専門とする学校やテイスティング講座で使用するなど文化的、教育的な活動を行っています。サンプルオイルは最後の一滴まで、レストランやホテル、デパートで開催されるフェアをはじめとする各国のプロモーションイベントに提供して活用し、日本市場における促進に役立てています。

日本はオリーブオイル輸入量では必ずしも世界の上位ではありませんが、エキストラバージン・オリーブオイルの輸入量の比率が圧倒的に高いという特徴があります。また、日本人の味覚の繊細さ、品質に対する評価能力は世界でも認知されています。日本市場で認められたオイルは世界市場でも認められる、需要が拡大すると考えられています。

そのため、世界中のハイクオリティなエキストラバージン・オリーブオイルの生産者にとって、日本は重要な市場として注目されており、日本市場への進出を目指す世界中のハイクオリティなオリーブオイルが集まります。

どのコンペティションにおいても送料はエントリーする側の負担ですが、東京までの送料を支払ってでもエントリーする生産者達は、受賞を目指し自信あるオイルを送ってきます。そのためか他のコンペティションに比べてディフェクトオイルが少ないことも特徴です。

審査はブレンド部門〈デリケート・ミディアム・ストロング〉、単一品種部門、DOP部門、オーガニック部門、ベスト・オブ・カントリー部門、フレーバーオイル部門に加えて、ベスト・オブ・ポリフェノール部門、そしてボトルデザイン部門など特徴的な部門があります。多くのコンペティションでは受賞オイルの生産者に賞状が贈られますが、JOOPでは受賞オイルにステッカーが贈られます。受賞者は消費者にわかるように、ボトルにこのステッカーをつけて販売することが出来ます。

審査員にはスペイン、イタリア、ギリシャ、トルコ、チュニジアなど重要な生産国の鑑定士が招聘されます。私は第二回目からこのコンペティションの審査員とパネルリーダーを務めていますが、エントリー国とエントリー数が年々増え、今では文字通り日本を代表するコンペティションとして注目度が高まっていることを感じます。

テッラオリーボ・国際オリーブオイル・コンペティション〈TERRAOLIVO〉

イスラエル、テルアビブ
https://terraolivo-iooc.com

二〇一〇年にスタートしたイスラエルに本部を置く国際オリーブオイル・コンペティションです。旧約聖書に登場し、オリーブの聖地とされる歴史ある国での開催とあって、歴史的、そして地理的な価値があります。

アルゼンチン生まれでイスラエルに移住した創立者のモシェ・スパックは、この国のオリーブオイルを世界中に広めることを目的に、ラウル・カステッラーニ、エラル・ハッソン、アントニオ・ジュゼッペ・ラウロ、ハイム・ガンといった世界的に著名なオリーブオイルの専門家の協力を得て、このコンペティションを立ち上げました。現在は息子のイライがラウルの息子レオナルドと組んでコンペティションを運営しています。

このコンペティションは、二〇二三年度ＥＶＯＯＷＲアジア部門で一位を獲得しました。イスラエルのテルアビブで開催され、イタリア、ギリシャ、スペイン、トルコやチュニジアの鑑定士達が審査員として招聘されます。

コンペティション中に自国の生産者達を対象に輸入品種や自国の原品種に関するセミナーを開催し、オリーブオイルの品質向上に努めています。自国の原品種を大切にすることを呼びかけ、知識や技術をサポートする教育的な活動も盛んなコンペティションです。

コンペティションとエキストラバージン・オリーブオイルの課題

最後にコンペティションとエキストラバージン・オリーブオイルが抱える課題について話したいと思います。

エキストラバージン・オリーブオイルの人気の高まりに伴い、コンペティションの数も増えています。しかしそれとともに課題も増えてきました。コンペティションの課題と今後について、マリーノ・ジョルジェッティはこう語ります。

「世界的にエキストラバージン・オリーブオイルのコンペティションの数が増える傾向にあり、中にはにわかに登場した組織がビジネス目的で開催しているコンペティションもあります。スペインやイタリアのようなオリーブオイル生産国として有名な国では、コンペティションの開催数も多く、コンペティション間でも激しい競争があります。

コンペティションが増えることで、消費者のエキストラバージン・オリーブオイルに対する注目が増えることはよいことですが、乱立によって受賞オイルの数が増え、賞自体の価値を下がることは危惧されることです。

コンペティションの数が増えたことによって、生産者側もどのコンペティションに参加するか、コンペティションの内容と影響力を吟味し、戦略的に選択する必要があります。生産者達はコンペティションの審査員、エキスパートの顔ぶれを見て、コンペティションの質と評価体制を信頼してエントリーします。そのためコンペティションは、エントリー条件や審査員の能力を含めて厳しく管理し、真にクオリティの高いエキストラバージン・オリーブオイルとその生産者を称賛するという本質を大切にしなければいけません」

マリーノの言葉にもあるように、コンペティションの目的は優れたエキストラバージン・オリーブオイルを讃えることであり、真正なコンペティションは、エキストラバージン・オリーブオイルの特徴や奥深さ、多様さを伝える貴重な機会になります。また、コンペティションで真に優れたエキストラバージン・オリーブオイルを正しく評価し、その情報を広く世界に発信していくことは、エキストラバージン・オリーブオイルが正しく評価される環境を作ることに大きく貢献します。それは市場と消費者への強いメッセージとなります。

逆に、もしビジネス目的のコンペティションが増えれば本来、評価されるべきではないオリーブオイルまで評価され、市場や消費者にエキストラバージン・オリーブオイルに対する誤った認識や誤解を与えてしまう可能性があります。

コンペティションが抱える課題とエキストラバージン・オリーブオイルが抱える課題には重なる部分があります。

今、エキストラバージン・オリーブオイルが抱える最大の課題は、エキストラバージン・オリーブオイルとは何かが正しく伝わっていないことです。

エキストラバージン・オリーブオイルは工業製品ではなく農作物です。エキストラバージン・オリーブオイルは大量生産型のオイルに比べて割高なイメージがあるかもしれませんが、コストのほとんどが人件費です。クオリティの高いエキストラバージン・オリーブオイルは豊かな自然の恵みと多くの人の手によってはじめて出来るものです。

しかし、現状はエキストラバージン・オリーブオイルの理解が浸透しておらず、多くの誤解や他のオイルとの混同があります。本来競い合うものではないエキストラバージン・オリーブオイルとオリーブオイルが、わかりやすい価格で比較され、選ばれてしまうこともあります。

どのオイルを選ぶのかは皆さんの自由です。好みや用途や調理方法、ライフスタイルなどから自由に選ぶべきものだと思います。ただ、エキストラバージン・オリーブオイルとは何か、その特徴や他のオイルとの違いなどを正しく理解した上で選んで欲しいのです。

今の現状は、真のエキストラバージン・オリーブオイルを選ぼうと思っている消費者にとっても望ましい状況ではありません。何より一生懸命クオリティの高いエキストラバージン・オリーブオイルを作っている生産者にとって非常に厳しい状況です。このような状況が続けば、エキストラバージン・オリーブオイルの生産者は苦境に立たされ、作り続けることが難しくなってしまうかもしれません。そうならないためにもよいものはよいと公正に判断される市場環境と、正しい理解の浸透が必要なのです。

そういった状況のために、エキストラバージン・オリーブオイルに関わる人達が出来ることは、クオリティをさらに向上させる努力を怠らないことだと思います。クオリティの向上はエキストラバージン・オリーブオイルの魅力をより一層引き出し、エキストラバージン・オリーブオイルとは何か、その魅力を多くの人に伝えることにつながります。

何よりエキストラバージン・オリーブオイルの魅力は品種の個性です。品種それぞれが異なる個性を持ち、同品種でも土地や気候の違いにより特徴が変わります。そういった品種の個性はクオリティを高めることでさらに際立ちます。もし市場でエキストラバージン・オリーブオイルの品種が理解されるようになれば、個性の違いで競い合う時代になります。個性の違うエキストラバージン・オリーブオイル同士は、競合ではなく、共にエキストラバージン・オリーブオイルを広める仲間になります。

それはコンペティションも同じです。コンペティションの審査では、オリーブの個性がどれだけ引き出されているかが重視されます。他者ではなく、自分自身が競争相手なのです。

今、エキストラバージン・オリーブオイルの健康に作用する科学的研究データが数多く報告され、関心が高まっています。だからこそ、エキストラバージン・オリーブオイルのクオリティを追求し続けていくことが大切です。そしてそのような優れたエキストラバージン・オリーブオイルをコンペティションなどを通じて正しく市場に伝えていくよう努力していくことが重要です。その結果、エキストラバージン・オリーブオイルの個性、魅力が伝わり、一人でも多くの人がエキストラバージン・オリーブオイルに関心をもってもらえるようになればと思います。

エキストラバージン・オリーブオイルと料理

エキストラバージン・オリーブオイルと料理

これまでエキストラバージン・オリーブオイルとはどのようなものかについて説明してきましたが、最後にその使い方について紹介したいと思います。

日頃から誰よりも多く、様々な種類のエキストラバージン・オリーブオイルを巧みに使いこなしていらっしゃる「リストランテ濵﨑」の濵﨑龍一シェフと濵﨑弘瑶シェフに、エキストラバージン・オリーブオイルを使った料理のコツを伺いました。具体的なレシピや使い方のヒントについては、ぜひこの後の濵﨑シェフのページをご参照下さい。

ここでは「エキストラバージン・オリーブオイルを揚げ物に使ってもよいのか」、「生のまま仕上げに使った方がよいのか」といった基本的な使い方についてお伝えします。

大前提として、エキストラバージン・オリーブオイルの使い方に決まりはありません。炒めもの、煮込み料理、そして生のまま仕上げに使うなど、用途は自由自在です。

その中でも、エキストラバージン・オリーブオイルの香りや栄養価を最も堪能出来るのは、生のまま使用することです。サラダやパスタやリゾットの仕上げにひと匙加えるだけで、その芳醇な香りと豊かな風味が料理全体に広がり、格別の美味しさを引き出します。さらに、素材本来の味わいも一層引き立ちます。

一方で、炒め物などの加熱料理に使うと、生で食す場合と比べて熱による酸化が進み、栄養価がやや低下することがあります。しかし、数ある植物油の中でもエキストラバージン・オリーブオイルは熱に対する耐性が高く、酸化しにくい特性を持っています。そのため、炒め物に使用してもその美味しさは十分に楽しめます。

意外に思われるかも知れませんが、エキストラバージン・オリーブオイルは揚げ物にも最適です。カラッと軽やかに揚がる理由は、一価不飽和脂肪酸の割合が他の植物油の約二倍の七五％に達し、沸点が約二一〇度と通常揚げ物をする温度〈一八〇〜一九〇度〉よりも高いためです。二〇二二年にフェデリコ二世ナポリ大学が発表した研究報告では、エキストラバージン・オリーブオイルが揚げ物に最適であることが示されています。

さらにエキストラバージン・オリーブオイルは精製されていないため、抗酸化成分であるポリフェノールを豊富に含んでいます。このポリフェノールは揚げ物の調理時に発生するアクリルアミド〈発がん性物質の一つ〉の生成を抑制する働きがあります。しかし、エキストラバージン・オリーブオイルを適切な温度で使用することで、こうしたリスクを抑えつつ、揚げ油ならではの香ばしい風味を楽しむことが出来ます。生でかける際とは異なる、奥深い味わいが広がることでしょう。

私自身は用途に応じて使い分けています。炒め物には、購入してから時間が経ち香りが少し和らいだオイルを使用し、料理の仕上げには新鮮なエキストラバージン・オリーブオイルを使います。また、魚や肉を調理する際には、フライパンに油を引かず、そのまま焼くか、ごく少量のオイルを事前に食材に馴染ませる程度に留め、仕上げにエキストラバージン・オリーブオイルをひと回しかけます。この時のポイントは、火を止めてから最後にかけることです。そうすることで香りと風味が一層引き立ちます。

エキストラバージン・オリーブオイルをよい状態で保存するためには、酸化を防ぐことが大切です。直射日光の当たらない冷暗所〈一五～二〇度の安定した温度が理想〉で保管して下さい。エキストラバージン・オリーブオイルに含まれる色素クロロフィルが光酸化を受けやすいためです。オリーブオイルを購入する際、つい色味が確認出来る透明なボトルに惹かれるかもしれません。オイルは光に敏感であるため、遮光性の高い黒や濃い色の瓶に入ったものを選ぶことをおすすめします。

時折、「冷蔵庫で保管しています」という声を耳にしますが、冷蔵庫での保管は避けた方がよいでしょう。オリーブオイルは一〇度を下回ると、その成分の一部が濁ったり白く固まったりし、劣化するリスクがあるからです。

エキストラバージン・オリーブオイルの覚えておきたい四タイプの香り

最後に、初めてエキストラバージン・オリーブオイルを使う方にも参考になるように、日本でもよく見かける代表的な四つの香りを紹介します。

ただお伝えしておきたいのは、多くのエキストラバージン・オリーブオイルは一つの香りに留まらず、様々な香りが複雑に折り重なっているということです。例えば、最初はグリーントマトの香りが立ち上がり、次にグリーンアーモンドが顔出し、そしてハーブの香りが広がった後、最後にはアーティチョークの香りと苦みが残る。そんな風に香りが折り重なりながらハーモニーを奏でるオイルも少なくありません。一方で、ピュアなグリーントマトの香りが一貫して続くような、シンプルでストレートな個性を持つオイルもあります。こうした香りの豊かさと多様性こそがエキストラバージン・オリーブオイルの最大の魅力と言えるでしょう。

今回は料理との相性を考えやすくし、オイル選びの手助けとなるような香りを選びました。

グリーントマトの香り

トマトの軸部分に似た青々しい香りや、ルッコラの香りのような爽やかなグリーンの香りを持つタイプ。辛みの強さはデリケートなものからストロングまで幅があります。基本的にこの香りのオイルには苦みが少なく、どんな料理にも合わせやすい万能タイプと言えるでしょう。

このグリーントマトの香りとグリーンアーモンドの香りのオイルは日本でよく目にする香りかもしれません。代表的な品種として、スペインのピクアルやイタリアのトンダ・イブレアが挙げられます。ピクアルから作られたクオリティの高いオイルは、まるでグリーントマトをもぎ取った瞬間のような、ピュアで鮮烈な香りがします。トンダ・イブレアはグリーントマトの香りの後に複雑なハーブの香りが続きます。

青草の香り

刈りたての青草、新鮮な青野菜の香りを思わせるタイプ。日本人にとっては、青紫蘇の香りと表現するとイメージしやすいかもしれません。まるで香味野菜や薬味のような香りです。辛みの強さはデリケートからストロングまで幅があります。加えてこの香りはバランスのよい苦みを持っていることが多くあります。代表的な品種として、イタリアのカニーノやコレジョーロなどが挙げられます。鮮烈な青紫蘇の香りに青野菜やグリーンハーブの香りが特徴で、強い辛みとバランスのよい苦みが融合しています。

グリーンアーモンドの香り

グリーンアーモンドの香りは、日本では少し想像しにくいかもしれません。私達がよく見かける茶褐色のアーモンドナッツの香りではなく、まだ熟していない青い殻を割ってアーモンドの実を取り出す瞬間に立ち上がる青々とした香りです。

代表的な品種として、イタリアのフラントイオやモライオーロが挙げられます。グリーンアーモンドの香りに加えて、ルッコラやグリーントマト、青草の香りを思わせる複雑で奥深い香りを持っています。さらに辛みと苦みも併せ持っています。

アーティチョークの香り

アーティチョークの香りも日本ではあまり馴染みがないかもしれません。土のついたゴボウや人参の香りを思い浮かべて下さい。アーティチョークの香りを持つオイルは、一般的に力強い辛みと苦みも併せ持っています。

代表的な品種として、イタリアのコラティーナが挙げられます。この品種はブラックペッパーを噛んだような鋭い辛みと刺激的な苦みを特徴としています。それと同時にほのかな白い花の華やかな香りもします。

エキストラバージン・オリーブオイルの香りや風味と料理の組み合わせは、まさに無限の可能性を秘めています。様々な種類のエキストラバージン・オリーブオイルを試しながら、自分だけのお気に入りの香りや、料理との絶妙なハーモニーを見つけていただけたら嬉しく思います。

「リストランテ濱﨑」濱﨑シェフに聞く

オリーブオイルの使い方

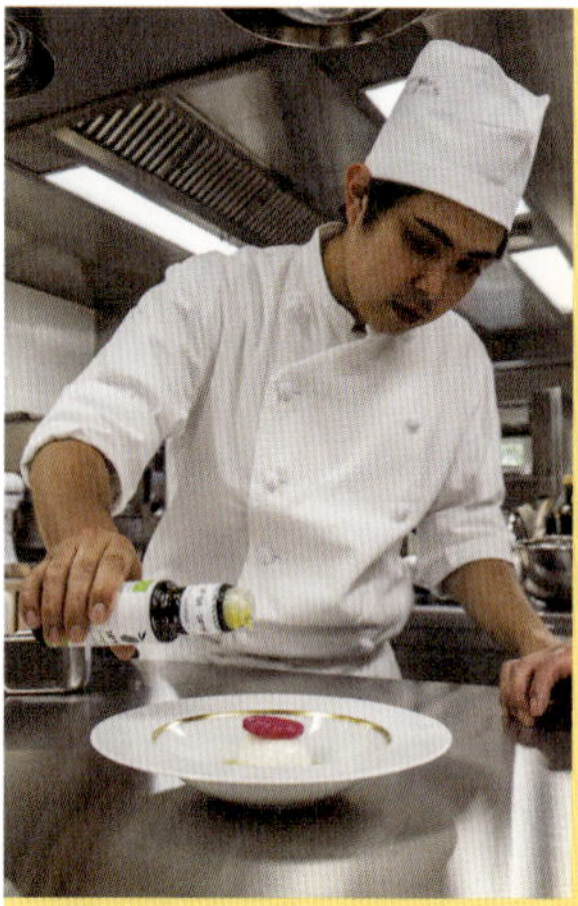

キャビアと紅芯大根とモッツアレラチーズの前菜

基本的にこのオイルでないといけないというルールはありません。お好みでご自由に。ただモッツァレラチーズのようなデリケートでフレッシュな素材に苦みの強いタイプを組み合わせると、素材も苦くなってしまうため避ける方がよいかもしれません。
ここでは、グリーントマトの香りのタイプで、ルッコラ、バジリコの香りがする苦みが少ないトンダ・イブレア種の単一品種のオイルやグリーンアーモンドと華やかな花の香りがするフラントイオ種とレッチーノ種のブレンドで苦みの少ない青草の香りのタイプのノベッロを使いました。

材料

モッツァレラチーズ、紅芯大根（生）／キャビア／エキストラバージン・オリーブオイル

作り方

1. モッツァレラチーズに、紅芯大根、キャビアを合わせ、最後にエキストラバージン・オリーブオイルをかける。

使用したオリーブオイル

ネッタリブレオ（Netteribleo）
タミア・ノベッロ（TAMIA）
※ノベッロは、年1回、搾油直後にフィルターで濾さずにビン詰めするフレッシュなオイルです。賞味期限は短いですが、香りがとても新鮮です。

アンティパスト魚介と野菜の田園風
～野菜を組み合わせた前菜～

野菜を主役にした料理には、野菜の旨みを引き立てる青草の香りのタイプが最適です。

ここではマウリーノ種、ベルゾーラ種、レッチーノ種をブレンドしたセロリやピーマンなどベジタブルグリーンの香りがするマイルドな辛みと苦みがあるタイプを使いました。

エキストラバージン・オリーブオイルでマヨネーズを作ると口に入れた時に軽い感じになり、後味が爽やかになります。

ポイント

- マヨネーズを作る時、オリーブオイルだけだと香りと苦みが強くなってしまうため、まず太白胡麻油でベースを作り、最後にエキストラバージン・オリーブオイルを加えます。
- 辛みは卵でまろやかになるため心配ないのですが、苦みが嫌いな方もいるので、苦みのあまり強くないタイプがおすすめです。

材料（マヨネーズソース）

エキストラバージン・オリーブオイル 20g／太白胡麻油 75g／卵黄 1個／アップルビネガー 10g（甘くないもの）／塩・コショウ 適宜

作り方

1. パイ生地にサワークリームを詰め、ぶどう（ゴルビー）とハーブ（エデブルフラワー）を飾る。にんじんのスライスの中にマヨネーズをひき、野菜（にんじん、ズッキーニ、れんこん、パプリカ、アスパラガス）、魚介類（カニ、アワビ）を飾る。
2. エキストラバージン・オリーブオイルで作ったマヨネーズソースをかける。

使用したオリーブオイル

パラッツォ・ディ・バリニャーナ・ブレンド・ベルデ
(Palazzo di Varignana Blend Verde)

白身魚のカルパッチョ

デリケートな白身魚には、薬味の代わりにもなる
苦みの少ないグリーントマトの香りのタイプがおすすめです。
ここでは、グリーントマトやルッコラ、バジリコの香りがする
苦みが少ないトンダ・イブレア種の単一品種のオイルを使いました。
青魚を使うなら、青紫蘇の香りがするマウリーノ種や
カニーノ種などの青草の香りのタイプのオイルもおすすめです。

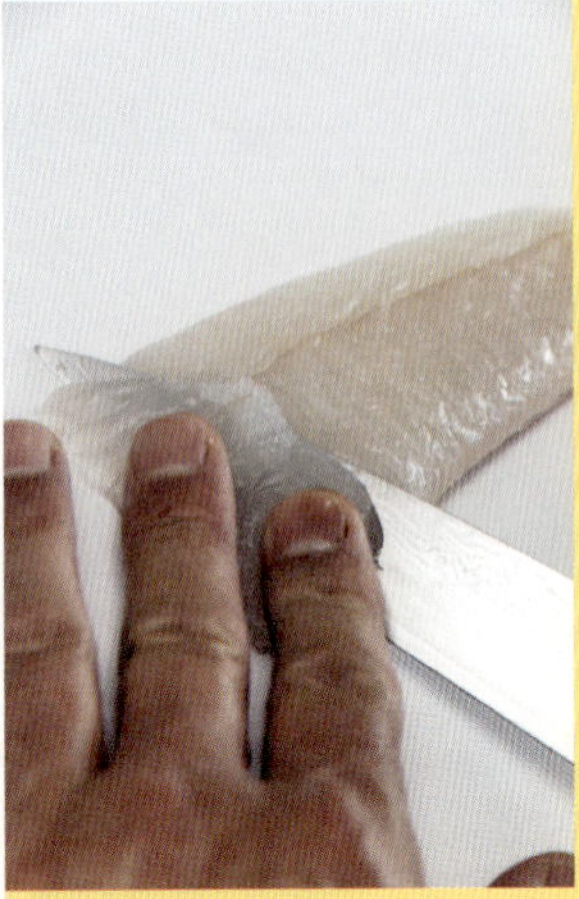

ポイント

- 白身魚の他にも、青身魚、タコ、イカなどでも。

材料

白身魚（刺身用のサク）、／エディブルフラワー／塩／エキストラバージン・オリーブオイル

作り方

1. 刺身用のサクを薄く切り、食べる直前に塩をふる。
2. 最後、風味付けにエキストラバージン・オリーブオイルをかける。
   ※今回は手軽に作るためにサクをそのまま使いましたが、事前に魚に軽く塩をして余分な水分を抜いたり、エキストラバージン・オリーブオイルでマリネしておいても美味しいです。

使用したオリーブオイル

ネッタイブレオ（Netteribleo）

コーヒーのブランマンジュ

フルーツやデザートには、グリーンアーモンドや青草、香草のストロングフルーティーの華やかな香りがあり、苦みが少ないタイプが最適です。ここでは、コレッジョーロ種、レッチォ・デル・コルノ種とペンドリーノ種をブレンドした青草の香りがするデリケートなタイプを使いました。クリームと合わせると辛みが強いタイプでもマイルドになります。また最後にエキストラバージン・オリーブオイルをかけると、口当たりが滑らかになり甘みだけではなく雑味のない爽やかな後味になるため、甘いものはちょっと苦手という方にもおすすめです。

材料

牛乳200g／生クリーム200g
コーヒー豆30g／グラニュー糖60g／板ゼラチン2枚（4g）／ホワイトラム7g
付け合わせ　季節のフルーツ（メロン／洋梨／マンゴー／柿／ブドウなど）／エキストラバージン・オリーブオイル

作り方

❶ボウルに牛乳、生クリーム、コーヒー豆を合わせて約6時間置く。
❷❶を鍋に漉し、グラニュー糖、ホワイトラムを加え、火にかけてひと煮たちさせる。
❸❷に水でふやかしたゼラチンを加える。
❹❸を濾して型に流し込み固める。季節のフルーツ飾り、エキストラバージン・オリーブオイルをかける。

使用したオリーブオイル

パラッツォ・ディ・バリニャーナ・ブレンド・ブルー
(Palazzo di Varignana Blend Blu)

チーズのリゾット

コクのあるチーズを使った料理には、
チーズに負けない奥深い香りを出すために、
少しパンチのある青草の香りのタイプや
グリーンアーモンドの香りのタイプがおすすめです。
ただチーズ自体には苦みがないため、
ここではグリーンアーモンドと華やかな花の香りがする
フラントイオ種とレッチーノ種のブレンドで
苦みが少ない青草の香りのタイプのノベッロを使いました。

ポイント

- バターや生クリームを使わずオリーブオイルだけで作るので、コクはありながらさっぱりとした仕上がりに。
- お米は練らないこと。

材料

ゴルゴンゾーラチーズ／パルミジャーノチーズ／玉ねぎ／米／プロセッコもしくは白ワイン／ブイヨン／エキストラバージン・オリーブオイル

※飾った野菜は茹でたズッキーニ

作り方

1. 玉ねぎを炒め、お米を加え、プロセッコでフランベし、沸騰させ熱くしたブイヨンを4〜5回に分けて加えながら炊く。
2. 少し芯が残るぐらいになったら、ゴルゴンゾーラチーズ、パルミジャーノチーズを加え、最後にエキストラバージン・オリーブオイルをかける。
3. 仕上げにサフランとヘーゼルナッツ、ハチミツで作ったソースをアクセントで添える。

使用したオリーブオイル

タミア・ノベッロ（TAMIA Novello）

チキンマリネのオーブン焼き

肉料理やガーリックやハーブを使う料理には、香りも辛みも、そして苦みもストロングなアーティチョークの香りのタイプがアクセントになります。

エキストラバージン・オリーブオイルをマリネに使うと、辛み、苦みはマイルドになりながらも、香りは残り、肉の旨み、コクが出るので辛み、苦みの強いオイルが苦手な方にもおすすめの調理法です。

ここではグリーンアーモンドやセージ、ローズマリーの香りの奥深くにダークチェリーをほのかに感じるチェッリーナ・ディ・ナルド種が主のブレンドオイルを使いました。

ポイント

- エキストラバージン・オリーブオイルと鶏肉、野菜、ハーブをよく揉みこみます。
- この時、砂糖を少し加えると肉のたんぱく質を砂糖が壊し、それをエキストラバージン・オリーブオイルがコーティングするので柔らかくぱさぱさになりません。

材料

鶏モモ肉／玉ねぎ／にんにく／ハーブ(ローズマリー、セージ、イタリアンパセリ)／ジャガイモ／塩／砂糖／エキストラバージン・オリーブオイル

作り方

1. 鶏肉、野菜(玉ねぎ、にんにく)、ハーブ(ローズマリー、セージ、イタリアンパセリ)、塩、砂糖、エキストラバージン・オリーブオイルを混ぜ、よく揉みこむ。
   ※30分〜一晩漬け込む。
2. 全てを耐熱皿に入れ、皮つきのまま半分に切ったジャガイモを加え、200度のオーブンで25〜30分焼く。
   ※時間はオーブン、耐熱皿により異なります。
3. 最後にエキストラバージン・オリーブオイルをかける。

使用したオリーブオイル

イル・ポッジョ・レアーレ
(Il Poggio Reale)

牛肉のラグーソースのペンネ

肉の煮込み料理には、香りも辛みも、そして苦みもストロングなアーティチョークの香りのタイプが合います。ここではグリーンアーモンド、セージ、ローズマリー、くるみ、アーティチョークなどの苦みがしっかり強いコラティーナ種の単一品種のオイルを使いました。肉をよりジューシーにして旨みを引き立て、香りのハーモニーが生まれます。

材料

ペンネ／牛ひき肉／ポルチーニ茸(乾燥)／赤ワイン／にんにく／玉ねぎ／にんじん／セロリ／トマトの水煮缶(ホール)／ハーブ(マジョラム、ローリエ)／塩／パルメジャーノチーズ／エキストラバージン・オリーブオイル

作り方

1. 最初にラグーソースを作る。牛ひき肉を炒め、赤ワインを注ぎアルコール分を飛ばす。
2. 別鍋ににんにくをエキストラバージン・オリーブオイルで香りが出るまで弱火で炒める。野菜(玉ねぎ・にんじん・セロリのみじん切り)を加え、塩をふり、焦がさないようにじっくり炒める。
3. 2に水で戻したポルチーニ茸(みじん切り)を加え炒める。
4. トマトの水煮を加えたらトマトをつぶし、1、水、ポルチーニ茸のもどし汁、ハーブ(マジョラム、ローリエ)を加え、弱火で1時間以上煮込む。
5. ペンネを茹で、4のラグーソースと手早くあえ、仕上げにパルメジャーノチーズ、エキストラバージン・オリーブオイルをかける。

使用したオリーブオイル

デ・ロベルティス、キアロスクーロ
(De Robertis Chiaroscuro)

カラスミとイカとアンチョビソースのスパゲッティーニ

アンチョビなど塩味が強く香りも味わいも強いものや、ガーリックを使った料理には、香りも辛みも、そして苦みも強い青草の香りのタイプが合います。

ここでは、カラスミに合う、ピーマン、セロリ、セージなど香草の香りがするベジタブルグリーンでストロングフルーティーなコレッジョーロ種の単一品種のオイルを使いました。

ポイント

●香草の香りがするエキストラバージン・オリーブオイルを使うことで、カラスミ特有の生臭さを消してくれます。またオイルのピリッとした辛みが、料理の味をぐっと引き締めてくれます。

材料

カラスミ／イカ／アンチョビ／にんにく／鷹の爪／スパゲッティーニ／エキストラバージン・オリーブオイル

作り方

1. にんにく、鷹の爪をエキストラバージン・オリーブオイルでじっくり弱火で炒め、オイルに香りを移す。
※にんにくと鷹の爪は取り出す。
2. アンチョビを加え、軽く炒め火を止める。
3. 茹で上がったパスタ、ボイルしたイカ、からすみ（粗みじん切り）をあえ器に盛る。
4. 最後にエキストラバージン・オリーブオイルをかける。

使用したオリーブオイル

パラッツォ・ディ・バリニャーノ・スティフォンテ
(Palazzo di Varignana Stiffonte)

エキストラバージン・オリーブオイルと使い方

濵﨑龍一

一五年ほど前まで、日本ではただ「オリーブオイル」としか認知されていませんでした。しかし現在では、異なる品種から作られた様々な「エキストラバージン・オリーブオイル」が手に入るようになりました。

私は難しく考えずに好きなオイルを好きなように使って欲しいと思います。イタリアでは料理だけでなくデザートにも使います。フルーツポンチに入れても美味しく、風味もアップします。料理として考えるより、素材に合わせて使うようにするとよいかもしれません。

最初は小さめのボトルのエキストラバージン・オリーブオイルを購入して、色々試してみるのがよいでしょう。そのオイルが美味しいと思ったら、それは自分に合っているオイルです。そうして自分に合うオイルを見つけていけばよいと思います。使いこなそうというのではなく、楽しむことが一番です。

今回は、料理の素材もカテゴリーもバリエーションをつけて紹介しました。参考にして楽しんでいただければ嬉しいです。

濵﨑龍一
Ryuichi Hamasaki

1963年、鹿児島県生まれ。

高校卒業後、大阪の日本調理専門学校を卒業後、東京のイタリア料理店で修業を積む。その後、'88年4月、本場での修業を目的にイタリアへ。ロンバルディア州マントヴァにある3つ星レストラン「ダル・ペスカトーレ」などで修業を積む。

帰国後、'89年3月、乃木坂にある「リストランテ山崎」に入り、'93年2月よりシェフに就任。8年間同店のシェフを務めた後、'01年12月南青山に「リストランテ濵﨑」をオープン。素材を生かしつつも独自の工夫を凝らしたオリジナリティ溢れる料理は、各方面から注目を浴びている。2022年4月神宮前に移転。2024年厚生労働省「現代の名工」に選ばれる。

濵﨑弘瑶
Koyo Hamasaki

1994年、東京都生まれ。

服部栄養専門学校卒業後、'13年4月、「リストランテ濵﨑」に入社。'18年5月、父親と同じ修行先であるイタリア、ロンバルディア州マントヴァの3つ星レストラン「ダル・ペスカトーレ」で修業を積む。ナディア サンティーニの息子ジョバンニに師事する。'20年4月、世界的パンデミックにより一時帰国。'21年、帰国し、本格的に父 龍一のもとで料理人として日々励んでいる。

リストランテ濵﨑　〒150-0001　東京都渋谷区神宮前1-5-3　東郷記念館2F
TEL：03-5772-8520

世界の原品種

最後に、世界の原品種の特徴を紹介します。

ここで紹介する各原品種の香りや味わいの特徴は、エキストラバージン・オリーブオイルに限られた特徴です。エキストラバージン・オリーブオイル以外はこの特徴が引き出されません。また原産国で栽培された場合の特徴であって、土壌や気候が変わると必ずしも同じ特徴を保つとは限りません。加えて、エキストラバージン・オリーブオイルは農作物のため、その年の気候条件によって特徴も若干変わります。栽培地域が南向きか北向きかによっても微妙に変わります。

＊原品種でない品種も一部含んでいます。
＊私自身が実際にテイスティングした品種なのであくまで一部であることをお断りしておきます。

スペインの原品種

ピクアル〈Picual〉

スペインの代表的な原品種です。実の底部分がとがった形状をしていることからスペイン語で尖りを意味するピクアルと名付けられました。

ピクアルの原産地については諸説ありますが、ピクアル産オリーブのスペインでの歴史は古く、ローマ帝国時代まで遡ります。約一〇〇〇年以上前にムーア人がオリーブの木をスペインに持ち込んだとも言われています。何世紀にもわたり栽培されてきたこの品種は、南スペインの気候と土壌に特に適しています。

アンダルシア地方、特にハエンとコルドバ地方がこの品種の主な産地です。半島南部は特にピクアルに適する土地ですが、霜にも強く、適応性の高さから、他の地理的、気候的に異なる地域でも栽培されています。ピクアルは国内外を含め最も広い栽培面積を持つ品種です。

ピクアルは葉の生育が旺盛で、枝が短く多くの芽を出します。樹勢〈木の生育力や活力〉が強く、挿し木による植物繁殖が容易です。厳しい剪定をしても新梢を出す能力が高く、成熟が早く、木から実を離しやすいため、機械による収穫が安定していて生産性〈一本の木から得られる実の量〉が高いことが人気の理由です。

この品種のエキストラバージン・オリーブオイルは、鮮烈でフレッシュな青草やグリーントマトの香りと共に持続する辛みとまろやかな苦みがあります。オレイン酸、ポリフェノール、天然の抗酸化物質が多く含まれています。

ピクアルのオイルは単一品種とブレンドオイルとして市場に出回っています。受賞レベルのピクアルは、鮮烈なグリーントマトやグリーンバナナ、柑橘系グリーンの香りに、しっかりした辛みが頭の奥まで響くほどインパクトがあります。DOPシエラ・デ・カソルラに認証されたエキストラバージン・オリーブオイルは、同じピクアルを使っていてもブレンドになると風味が異なります。青草やグリーントマトとイチジクの葉、グリーンバナナとグリーンアップルの香りが特徴で、苦みは強くありません。

アルベキーナ〈Arbequina〉

アルベキーナの原産地は遠くパレスチナです。メディナセリ公爵、アルベカ男爵〈カタルーニャ西部リェイダ市〉が、パレスチナから輸入した後、一八世紀半ばにスペインに持ち込みました。そのためオリーブ栽培は、カタルーニャ地方とアラゴン地方を中心に広がりました。レリダナ・デ・アルベカの村にちなんで名付けられたこの品種は、単一品種とブレンドとして市場に出回っています。

この品種の木は中くらいの密度で、ほうき状の樹冠〈樹木の上部で葉が茂っている部分〉です。通常四月に開花して、収穫はピクアルよりも遅く一月まで続きます。実は小さく、ほぼ左右対称の楕円形。寒さに強く、耐久性に優れ、生産性が高く、脂肪分も多く、北南米などスペイン国外でも栽培されています。

非常に豊かで深く広がる香りのエキストラバージン・オリーブオイルになります。グリーントマトやグリーンアーモンドの香りに次いで、グリーンバナナや白い花のような甘みを感じ、ミディアムフルーティーではっきりとした辛みがあり、苦みは強くありません。オイルの組成上、酸化に対してはデリケートです。

一〇〇％アルベキーナを使用するＤＯＰレス・ガリゲスがクオリティの高いオリーブオイルとして知られています。

オヒブランカ〈Hojiblanca〉

オヒブランカは、スペイン南部アンダルシア地方中央部、主にマラガ県北部、コルドバ県南部、セビリア県東部を代表する原品種です。原産地はコルドバ県にあるルセナ村で、ルセンティーナとも呼ばれています。葉の背側が白く、このためオヒブランカ〈hojiblanca：白い葉〉と呼ばれています。カスタ・デ・カブラ、カスタ・デ・ルチェーナなどの別名称があります。

オヒブランカの実は丸く、アルベキーナやピクアルなどの他の品種に比べて若干大きいのが特徴です。オリーブオイルだけでなく、テーブル・オリーブとしても多く市場に出回っています。オレイン酸の含量は中程度で、全脂肪酸の六五〜七〇％にあたります。アルベキーナやロイヤルのような他品種に比べて高温での酸化に強いことも特徴です。

石灰質土壌と冬の寒さに対する耐性が強く、丈夫な品種として知られています。生産性は高いですが隔年で、開花期は遅めで自家受粉します。但し病気には弱く、またハエにも強くありません。ミディアムなフルーティーさで、グリーントマトやスイートアーモンドの香りにソフトな苦みが特徴のとてもエレガントなオイルになります。

マンサニーリャ〈Manzanilla〉

この品種のオリーブは、主にスペイン南部アンダルシア地方セビリア州とウエルバ州で栽培され、マンサニーリャ・セビジャーナとも呼ばれています。また、エクストレマドゥーラ州でも栽培されており、アルベラニーナまたはマンサニーリャ・カセレーニャとも呼ばれます。多様性に優れ、栽培はアメリカやポルトガル、アルゼンチン、オーストラリア、イスラエル、そして日本にも広がっています。マンサニーリャは小ぶりの木のため集中型栽培に適しています。実は中くらいの大きさで丸い形状です。この品種は通常、テーブルオリーブとして食されることが多く、オリーブオイルとしては一般的ではありませんが、特徴的な香りを持つクオリティの高いエキストラバージン・オリーブオイルも存在します。オレイン酸の含量は中程度で、パルミチン酸とリノール酸を多く含み、栄養成分の含量が安定しています。

鮮やかなグリーンで、辛みと苦み、そして甘味のバランスがよく、リンゴやフルーツ、グリーントマト、熟したバナナなど、グリーンフルーツの香りが際立つオイルになります。

コルニカブラ〈Cornicabra〉

一般的にコルニカブラとして知られているオレア・エウロパエア・ヴァー・コルニカ

ブラは、個性的な特徴の風味と重要性から注目されている品種です。地中海地方原産で、何世紀にもわたって栽培されてきました。

コルニカブラの木は中から大の大きさで、丸みを帯びた形をしており、幹はねじれています。葉は披針形で、ラテン語で槍を意味するlanceolaに由来しています。葉の上部は灰色がかったグリーン、下部はシルバーで、特徴的な外観をしています。

この品種の木の葉は、進化的に多くの利点があり、細長い形状のため丸い葉よりも日光を多く取り込むことが出来ます。風や乾燥などの天候、そして病気に強いのも特徴です。

コルニカブラは早生品種で、四、五年目から搾油が始まります。生産性が高く、樹勢は中程度です。ストロング・フルーティーで、鮮烈な青草の香りやルッコラの香りが最初の印象、辛みと苦みが際立つ深い風味のパワフルなオイルになります。

モンテス・デ・トレドPDOオリーブオイルには、最適な成熟度に達した健康で新鮮なコルニカブラのオリーブの実のみが使用され、濃厚でフルーティーなアロマが口中に広がり、苦みとスパイシーな風味が強いのが特徴です。

ゴルダル〈Gordal〉

セビリア地方の原品種で、主にテーブルオリーブに使われます。アンダルシア地方東部のグラナダを中心に栽培されているゴルダル・デ・グラナダと、国際的に苗木で流通している、同じ地方の西部で栽培されているゴルダル・セビラーニャがあります。

同じ品種の仲間のゴルダル・デ・アルキドナはバレンシア自治州PDOに使われる品種の一つです。このPDOには、ゴルダルの他にバレンシアの原品種オヒブランカ、ピクアル、マルテーニョ、アルベキーナ、レヒン・デ・セビージャ、ゾルサレーニョ、ピクード、ヴェルディアル・デ・ベレス・マラガ、ヴェルディアル・デ・ウエバルが使われます。

冬の寒さと湿度には強く、乾燥には弱い品種です。オイルの含量が少なく、生産性も少ないことがテーブルオリーブ向けとされる主な理由です。実は大きく食べ応えがあります。

ゴルダル・デ・アルキドナのオイルはミディアムフルーティーで、グリーンオリーブやグリーンアーモンドのアロマから、バナナや柑橘類まで豊かな香りを持ち、はっきりとした辛みにデリケートな苦みです。

ピクード〈Picudo〉

スペインの主要原品種の一つで、主にオリーブオイル用に栽培されています。アンダルシア地方のコルドバ、グラナダ、マラガ、ハエンが中心の栽培地です。樹勢が強く、寒さに対する耐性に優れ、石灰土壌や土壌水分過多にも強いため、丈夫な品種とされています。開花期は中ぐらいで花粉の発芽能力が高いので、受粉の媒介に適していると思います。

生産性は高く、隔年に開花します。実の成熟は遅く、実が剥離しにくいので機械収穫には不向きです。この品種は、オイルの収量とその優れた有機的特性で高く評価されています。リノール酸の含量が多く、グリーンバナナやフルーツの香りがし、苦みの少ないデリケートなオイルになります。

ロイヤル〈Royal〉

アンダルシア地方ハエン近郊カソルラ-ケサダ地区の原品種で、オリーブオイル用に栽培されています。シエラ・デ・カソルラとセグーラ、そしてラス・ヴィラスは国立公園に認定されています。

アンダルシア地方におけるオリーブ栽培の九六％がピクアルで、残りの六％は山に向けて広がるロイヤルと言われています。樹勢は強くなく、痩せた土壌への適応力が優れています。成熟が遅いため、開花は早いですが収穫時期は比較的遅いとされています。生産性は高く一定しています。実が剥離しにくいので機械収穫には不向きです。

この品種のエキストラバージン・オリーブオイルは、ストロングフルーティーで、新鮮なハーブや青草、青リンゴ、グリーンアーモンドとイチジクにスパイスの香りが特徴です。辛みは強く、まろやかな苦みもあります。

イタリアの原品種

タジャスカ〈Taggiasca〉リグリア州の原品種

リグリア州の代表的な原品種です。実は小さく、料理用に輸入されたブラックオリーブとしてよく使われるので見かけたことがある方も多いかもしれません。

オリーブオイルにすると、グリーンアーモンドや松の実などデリケートな香りで、辛みはミディアム、苦みはほとんどありません。リグリア州は崖や断崖絶壁が多く、オリーブの栽培は非常に困難で、実が小さく搾油量も少ないため、歩留率が低くなります。そのため生産コストが高くなります。

カザリーバ〈Casaliva〉ベネト州ガルダ湖地域の原品種

ブレーシャ、ベローナ、トレント、マントバにかけて生産され、DOPガルダに認証されています。北部イタリアの中でも特に気候に恵まれたガルダ湖南部はオリーブやレモンの栽培地として知られ、世界的な受賞オリーブオイルを数多く生み出しています。北イタリア産のオリーブオイルは、タジャスカに代表されるようにデリケートと思われがちですが、カザリーバはストロングフルーティーで、辛みも苦みも深く強いオリーブオイルになります。アーティチョークやローズマリー、セージにミントといった複雑で奥深いハーブの香りがします。DOPガルダには、他にもレッツォ、ファヴァロル、ラッツァ、ロッサネル、フォール、モルカイが認証されています。

ドリッツァー〈Drizzer〉ベネト州ガルダ湖地域の原品種

カザリーバと同種の一つですが、栽培される地域はガルダ湖畔から離れたベネトの丘陵地帯に広がっているため分けて呼ばれています。DOPガルダに認証されています。ミディアムからストロングフルーティーで、グリーンアーモンドやフレッシュな青草、ローズマリーやセージなど香り豊かなハーブが感じられます。上品な苦みもあり、辛みとのバランスのよい品種です。

グリニャン〈Grignan〉ベネト州の原品種

イタリア北部で最も生産量が多いのがベネト州です。オリーブオイルと言えば南イタリアのイメージが強いので意外かもしれませんが、この地域には毎年受賞オイルを生み出している生産者達がいます。グリニャン品種は、西はベネト州からロンバルディア州にかけて、東はスロベニアやクロアチアにかけて栽培されているイタリアの原品種です。最初に感じる印象的な香りはグリーンレモンの皮です。その後にグリーンアーモンドやグリーントマト、ハーブの香りが続きます。辛みや苦みはミディアムです。熟練の鑑定士でもベネト地方以外の出身者には理解されにくい特徴を持つ品種です。この地方は南イタリアに比べて労働賃金や公共料金が高いため、比較的価格の高いエキストラバージン・オリーブオイルとして販売されています。北イタリアを代表するオリーブオイルとして、テイスティングの価値あるオリーブオイルです。

トレップ〈Trep〉トレント・ベネト州の原品種

カザリーバと同じく寒さに強い品種のため山に近い地域で栽培されています。毎年は実をつけず耕地も少ないため生産量の少ない希少品種です。グリーンバナナ、柑橘、ビターアーモンド、ドライフルーツの香りが特徴で、口中ではセージやローズマリーなどのハーブ、シナモン、スパイス、森林に茂る花の香りやクルミの香りがします。

ブリジゲッラ〈Brisighella〉エミリア・ロマーニャ州の原品種

ブリジゲッラはノストラーナとも呼ばれ、ボローニャ東部の丘陵地帯で栽培される代表的で貴重な原品種です。ローマ時代からこの地域はクラテルナエと呼ばれ、オリーブの栽培が活発でした。その後この原品種は絶滅を危惧されるほど栽培が減少しました。今ではクオリティが再注目されて栽培されるようになりました。この品種を使ったエキストラバージン・オリーブオイルはストロングフルーティーで、鮮烈な青野菜、香草やセロリ、青リンゴ、ルッコラを思わせる特徴的な香りを持ち、辛みと苦みも強く後を引く深い風味です。ブリジゲッラと特徴が若干似ている同じボローニャ東部の別の原品種として、ストロングフルーティーな香りと辛み、そして苦みを持つノストラーナ・ディ・ブリジゲッラ〈Nostrana di Brisighella〉があります。

ギアッチョーロ〈Ghiacciolo〉エミリア・ロマーニャ州の原品種

エミリア・ロマーニャ州アドリア海近郊のラベンナ地域で栽培される原品種です。隔年にしか豊かに実をつけず、生産量の少ない希少品種で、栽培の難しさから「わがままな貴婦人」と呼ばれています。この品種から作られるエキストラバージンは世界各国のコンペティションで多くの賞を受賞しています。DOPロマーニャに認証されています。香りはストロングフルーティーで、フレッシュなセロリや青ピーマンなどグリーンベジタブル、グリーンアーモンドの後にセージやローズマリーなどのハーブ、アーティチョークの香りが続きます。辛みも苦みもバランスよく文字通り貴婦人のクオリティです。

コッレジョーロ〈Correggiolo〉エミリア・ロマーニャ州とトスカーナ州の原品種

トスカーナ州からエミリア・ロマーニャ州にかけて栽培されている原品種です。DOPキャンティ・クラシコ、DOPテッラ・ディ・シエナ、IGTトスカーナ、DOPコッリーナ・ディ・フィレンツェの品種に認証されています。ストロングフルーティーで、アーティチョークや青草の香りと、強く後を引く辛み、しっかりした苦みを感じます。ポリフェノール値の高いオリーブオイルです。

フラントイオ〈Frantoio〉トスカーナ州とウンブリア州の原品種

イタリア国外で最も知られているオリーブ品種です。多様性に優れ、自家受粉で安定した高い生産量のため、優れた品種として苗木も多く輸出されています。実は小さいですが安定した収穫量を得られます。寒さには弱く、病気にも強くありません。この品種のエキストラバージン・オリーブオイルはストロングフルーティーで、辛みも苦みもしっかり強く、刈り取ったばかりの青草やグリーンアーモンド、アーティチョーク、セージやタイムのようなハーブの香りに青リンゴや柑橘、そして特徴的な白く甘い花の香りもします。

モライオーロ〈Moraiolo〉トスカーナ州とウンブリア州の原品種

フラントイオと共にトスカーナ州を代表する原品種として知られています。多様性に優れ、イタリア国外に苗木として広く輸出されています。地域によってモレッラ、モレッリーノ、モレッロ、モリキエッロ、モリーナ、モリネッロ、ネリーナ、オリーバネーラ、オリーバトンダ、トンデッロ、トンドリーナなどとも呼ばれています。熟成が早く、実は小さく固く、八月末から収穫が始まることもあります。ストロングフルーティーなエキストラバージンで、深く広がるグリーンアーモンドとアーティチョーク、ローズマリー、グリーンハーブ、ミントなど複雑な香りと強い辛みと苦みが特徴です。

レッチーノ〈Leccino〉トスカーナ州の原品種

イタリア全土で栽培されていますが、実はトスカーナ州の古代品種です。樹冠が厚くて大きく、樹勢が強いのが特徴で、新しい畑に広く栽培されています。生産性は中程度ですが、気候条件に柔軟に対応し、低温にも適応します。植物病原性細菌「キシレラ」を含むオリーブの木の様々な病気に強いため、全土で栽培されています。クロロフィルの含量が他の品種に比べて少なく、レタスやグリーンアスパラガスのようなデリケートな甘い香りで、辛みも苦みも繊細なオリーブオイルになります。

レッチョ・デル・コルノ〈Leccio del Corno〉トスカーナ州の原品種

レッチーノと同じく、フリウリ・ベネチア・ジュリアからトスカーナ、南はシチリア島まで、イタリア全土で広く栽培されている品種です。厚く広大な樹冠を持ち、生命力と適応力が高い品種です。実の成熟は遅く緩やかで、一〇月下旬以降に収穫が始まります。大半はブレンドオイルに使用されますが、単一品種の場合、ミディアムフルーティーで、ビターアーモンドやアーティチョーク、セージの香りに続き、しっかりした辛みと強い苦みを持つオイルになります。

ペンドリーノ〈Pendolino〉トスカーナ州の原品種

マウリーノ・フィオレンティーノとも呼ばれる原品種で、レッチーノやレッチョ・デル・コルノと共にイタリア全土で栽培されています。垂れた枝の特徴からイタリア語で振り子を意味するペンドリーノと名付けられました。

アブルッツォ州の全てのＤＯＰエキストラバージン・オリーブオイルに含まれています。デリケートなフルーティーで、グリーンアーモンドやセロリ、青草の香りに続いて上品な苦みを感じるのが特徴です。熟成が早く、開花も豊富で早く時期がかなり長いのが特徴のため、受粉植物として多く利用されています。

オリバストラ〈Olivastra〉トスカーナ州とウンブリア州の原品種

地中海に面したセネーゼからグロセートにかけて栽培されています。標高の高いアミアータ山の斜面に見られる低温の地域でも生息します。単一品種のオイルは非常に特徴が強く、国際的なコンペティションでも高く評価されています。

ストロングフルーティーで、バジル、青草、グリーンアーモンドの香りの後にアーティチョークやセージ、ローズマリーなどのハーブが感じられ、辛みも苦みも強く、バランスのよい風味です。辛みは口中で長く続きます。

生産性は高く、DOPセッジャーノ、DOPキャンティ・クラシコ、IGTトスカーナ、コッリーナ・ディ・フィレンツェ、IGTセッジャーノの品種として認証されています。

マウリーノ〈Maurino〉ラツィオ州の原品種

ローマ時代前のエトルスク時代から活発にオリーブが栽培されてきた地域の代表的な原品種です。この品種を使ったエキストラバージン・オリーブオイルは、青草や青い空豆、フレッシュな青野菜や青紫蘇の香りに続いて、アーティチョークやハーブの香りが感じられ、辛みと苦みもしっかりしていますが、苦みは強くありません。

カニーノ〈Canino〉ラツィオ州からトスカーナ州の原品種

マウリーノと同じく、エトルスク時代からローマ北部の地中海沿岸に広がる地域で栽培されています。最初に青紫蘇を思わせる新鮮な青野菜、ミントの香りに続いて、グリーンハーブ、ブラックペッパーの鮮烈な辛みとしっかりした苦みが感じられるストロングフルーティーなオイルになります。

イトラーナ〈Itrana〉ラツィオ州の代表的な原品種

テーブルオリーブの品種としてよく知られるローマ北部から南部にかけて栽培される品種です。「ガエタ・オリーブ」という名でよく見かけますが、これはガエタ地域がかつてオリーブの中心的な栽培地であったためです。今日ガエタ・オリーブの生産の大部分は海から五キロほどの小高い丘にある村イトリで栽培されています。受粉のためにレッチーノやペンドリーノを使用します。ミディアムフルーティーからストロングフルーティーで、グリーンアーモンドやレッドトマト、アーティチョーク、グリーンハーブの深く織りなす香りに続いて、しっかりした辛みと苦みを感じられるのが特徴です。

アスコラーナ〈Ascolana〉マルケ州の原品種

アスコリ・ピチェーノを原産地とするマルケ州の代表的な品種です。この品種はテーブルオリーブの方がはるかに有名です。大きなサイズで果肉も多いのが特徴です。オイルにするとミディアムフルーティーで、セロリやグリーントマトの後にアーティチョークとグリーンハーブの香りが感じられ、しっかりした辛みとデリケートな苦みが特徴です。

ディリッタ〈Diritta〉マルケ州とアブルッツォ州の原品種

ヴァスト地域を原産とする品種で、大きく厚い葉を持ち、生命力が強いのが特徴です。この地域からペスカーラのあるアブルッツォ州を中心に、マルケ州、ウンブリア州、プーリア州へと栽培地域が広がっています。生産性の高い優れた品種です。ミディアムからストロングのフルーティーさで、青草やグリーンアーモンド、グリーントマトやセロリ、ラディッシュの香りが特徴です。辛みが強く、バランスのよい苦みも感じます。

ロショーラ〈Rosciola〉マルケ州とラツィオ州の原品種

カプリーニャ、カプリーニェ、ロショーラ・リチュータ、ロッサ、ロッサイア、ロッサストロ、ロッセリーノ、ロッソーロ、ルショーラ、トルディーノなどは同じ品種の別名です。実は小さく丸い形状です。石の多い日当たりのよい土壌に根を張り、熟成の最も早い品種の一つで、一〇月初旬には収穫します。ラツィオ州に起源があり、主にローマ地域とレアティーノ地域で栽培されています。

現在はウンブリア州、トスカーナ州、マルケ州、アブルッツォ州にも広く普及しています。デリケートフルーティーで、青リンゴとグリーンフルーツの香りが特徴、苦みは少ない品種です。

ラベーチェ〈Ravece〉カンパーニャ州の原品種

カンパーニャ州はイタリアで最も多くの品種を栽培していて、その数は一〇〇種以上あると言われています。

代表的な品種がラベーチェで、起源は不明ですが少なくとも一六世紀以降カンパーニャ州南部のアベリーノ、ウフィタ・アリアン地方を中心に栽培されてきました。DOPイルピーニャ・コリーナ・デル・ウフィタに認証されるためには、六〇%以上がこの品種である必要があります。ストロングフルーティーで、グリーントマトや桃、アプリコットやグリーンフルーツの香りにしっかりした辛みがあります。苦みは少ないのが特徴です。

オットブラティカ〈Ottobratica〉カラブリア州の原品種

イタリア半島の南西部に位置し、長靴型のつま先にあたるカラブリア州は、イタリア全体のオリーブオイル生産量の二〇%を占めるオリーブ栽培において重要な州です。卵形で原品種は三三あり、その中でも代表的な品種の一つがオットブラティカです。

サイズは大きく、生命力が強く、生産性も高い品種ですが、収穫が隔年になることが知られています。熟成が早く一〇月には収穫出来ることから、イタリア語の一〇月を意味するオットブレから名付けられたと言われています。ハエや病気にも強い品種です。ミディアムフルーティーで、青草やローズマリー、セージなどのハーブ、青いセロリの香りにラディッシュやグリーンペッパーの辛みが口中に広がり、最後にレッドベリーの香りもします。辛みと苦みはミディアムです。

ロトンデッラ〈Rotondella〉カラブリア州とルカーニャ州の原品種

ロマネッラとも呼ばれ、カラブリアからルカーニャにかけた地域が原産です。バジリカータ地域中南部メディオ・アグリ・バセントを中心に栽培されています。フルーティーさはミディアムで、グリーンアーモンドの後にアーティチョーク、グリーンペッパーの香りとはっきりした辛みが感じられ、心地よい苦みが広がるのが特徴です。

コラティーナ〈Coratina〉プーリア州の原品種

イタリアで最もオリーブオイルの生産量が多いのはプーリア州です。認証されている原品種は約七〇あり、栽培されている木の本数もイタリアで最も多い地域です。

世界中のオリーブ品種のストロングフルーティーの代表です。強い苦みと高いポリフェノール値を持つ品種として知られています。コンペティションでオイルの情報が隠されていてもこの品種はわかるほど特徴が明確です。多様性に優れ、気候に左右されずに実をつけるため苗木として多くの国へ輸出されていますが、コラティーナの特徴が最も引き出されるオリーブオイルは原産地のプーリア産です。特徴的なグリーンアーモンドと青草、ルッコラなど新鮮な青野菜の香りと共に、ガツンとくる強い苦み、ブラックペッパーを噛んだようなインパクトある辛みが長く続きます。香り、辛み、そして苦みも官能評価で九以上の得点〈一〇が満点〉を獲得するのは多くの場合コラティーナです。ポリフェノールなどの抗酸化成分も含めて全てがストロングと言えます。文字通りオリーブオイルのキングです。

ペランザーナ〈Peranzana〉プーリア州の原品種

同じプーリア州北部フォッジャからトッレ・マジョーレを中心としたアドリア海に面する丘陵地帯に栽培される原品種です。同じプーリア地方で栽培されるコラティーナとは全く異なる個性を持っています。この品種はミディアムフルーティーで、レッドトマトやグリーンアーモンド、レタスといった優しい青野菜の香りを持ち、ミディアムな辛みで、苦みは強くありません。

チェリーナ・ディ・ナルド〈Cellina di Nardò〉プーリア州の原品種

プーリア州南部、長靴の土踏まずにあたるナルド地域の原品種です。生産量が少なく、熟し始めると一気に成熟してしまうので、市場にはほとんど出回らない希少な品種です。そのため、この単一品種のオイルにはなかなか出合えませんが、素晴らしい特性なので敢えてご紹介します。アシューロ、カファレッダ、カシア、カシューロ、チェリーナ・インキアストラ、チェリーナ・レッチェーゼ、チェリーナ・サレンティーナなど多くの別名を持ちます。生産性は非常に低く、病気にも強くないため栽培が難しい品種です。

この品種のエキストラバージンには多くの専門家達も驚かされます。ストロングフルーティーで、グリーントマトなどの青野菜、グリーンアーモンド、青草の強い香りの奥に、レッドベリーの香りが感じられます。強い個性の香りに加えて、辛みと苦みもストロングです。個性が強烈なため、DOPコリーナ・ディ・ブリンデジやDOPテッラ・ディ・ビトントなどに個性とアロマを与える役目として使われ、単一品種は少ないのが現状です。この品種を使った受賞オイルは試す価値があります。

チーマ・ディ・メルフィ〈Cima di Melfi〉プーリア州の原品種

この品種もなかなか出合えない品種です。耐寒性と気候には優れた適応力がありますが、ハエなどの虫に強くありません。熟成は遅く、木にしっかり実がついて剥離性が低いので収穫が難しいことから生産量は多くありません。しかしこの品種のエキストラバージンは素晴らしい香りです。ストロングフルーティーで、もぎたての新鮮な空豆を思わせる鮮烈なグリーンの香りに続いて、セロリやピーマン、ルッコラ、そして強い辛みとミディアムの苦みが感じられます。DOPヴゥルトゥーラにブレンドされていることがありますが、単一品種にはなかなか出合えません。一度出合うと忘れられない香りです。

オリアローラ・バレーゼ〈Ogliarora Barese〉プーリア州とマルケ州の原品種

単にオリアローラ、もしくは「チーマ・ディ・ビトント」の別名を持つプーリア州北部の原品種で、プーリア州とマルケ州で多く栽培されています。他家受粉のため交配種を必要としますが、この品種自体が交配種としても使われています。木の成長は早く、実は小さいが比較的剥離しやすく収穫しやすいため、収益性が高いことが特徴です。青いバナナやりんご、レタスなど甘い香りで苦味はほとんど無く辛みはしっかりしたミディアムフルーティのため、この品種から搾油するオイルのクオリティは高く評価されています。コラティーナの苦みの緩和と甘い香りをプラスするためによくブレンドにも使われます。

ビアンコリッラ〈Biancolilla〉シチリア州の原品種

シチリア州南東部で栽培される原品種です。理想的な生育環境は標高の高い丘陵地帯で、水分の少ない土壌でも安定した収穫量を得ることが出来る品種です。開花時期は中ぐらいで、受粉可能な花粉を大量につけます。部分的に自家受粉が可能で、モレスカ、ゼイトゥナ、トンダ・イブレア、オリアローラ・メッシネーゼ品種から受粉します。生産性が高く、隔年に実をつけます。果肉と種子の分離は容易です。

エキストラバージン・オリーブオイルは淡いイエローが特徴的で、デリケートからミディアムフルーティー。グリーンアーモンドとグリーントマト、そしてアーティチョークの香りがします。はっきりした辛みにマイルドな苦みが特徴です。

トンダ・イブレア〈Tonda Iblea〉シチリア州の原品種

シチリア州を代表する二大原品種として知られているのはトンダ・イブレアとノチェ

ラーラ・デル・ベリチェです。

トンダ・イブレアはシチリア州南東部に位置するイブレア産地群、直径五キロほどの地域にのみ生息する希少品種です。実の形状は大きく丸く、イタリア語で丸いという意味のトンダと、イブレア産地群に由来しています。

ミディアムからストロングフルーティーで、鮮烈なグリーントマトやルッコラ、バジリコの香りに、強い辛みとはっきりしたエレガントな苦みを持つ品種です。栽培地域が限られているため、需要に対する供給が常に不足しています。そのため一〇〇％トンダ・イブレアのみで作ったオイルは入手が難しく、オリーブオイル界のクイーンと呼ばれています。市場では、トンダ・イブレアと似た特徴を持つベルディーノやモレスカをブレンドしたオリーブオイルがトンダ・イブレアとして販売されていることが多々あります。

DOPモンティ・イブレイは、ブレンドの八〇％がトンダ・イブレア、モレスカ、ノチェラーラ・デル・エトナ、ヴェルデーゼ、ビアンコリッラ、ゼイトゥーラで作られていることを条件としていますので、トンダ・イブレアだけとは限りません。一〇〇％トンダ・イブレアのみで作ったオリーブオイルは、コンペティション受賞オイルの中から選ぶのが確実です。

ノチェラーラ・ディ・ベリチェ〈Nocellara del Belice〉シチリア州の原品種

ベリチェ地域が起源とされることからその名がついています。シチリア島にオリーブの栽培を導入したのはギリシャ人だと言われています。何世紀にもわたり活発に栽培され、一七世紀後半以降はシチリア産オリーブオイルのクオリティが広く知られるようになり、またベリチェ地域の重要な収入源となりました。ノチェラーラ・ディ・ベリチェはDOPの認証を受けています。ストロングフルーティーの代表的な品種で、慣れるまではコラティーナとよく混同されます。ラディッシュ、グリーントマト、アーティチョークの強い香りにセージやローズマリーの深いハーブの香りが長く続き、強い辛みとコラティーナに引けを取らない強い苦みがあります。

ボザーナ〈Bosana〉サルデーニャ州の原品種

サルデーニャ島で栽培されるオリーブの八〇%はボザーナです。名前の起源は定かではありません。ボーザ地域が起源とされているのが一般的ですが、スペインが起源という説もあります。

熟成は早く、九月初旬には収穫が始まります。ストロングフルーティーで、弾けるようなグリーントマト、ミント、ユーカリなどバルサミックな香りの後にアーティチョーク、ハーブなどが複雑に折り重なり、しっかり強い辛み、そしてアーティチョークの香りと共に苦みが続きます。DOPに認証されています。

ネーラ・ディ・ヴィッラチードロ〈Nera di Villacidro〉サルデーニャ州の原品種

主にサルデーニャ島内陸部の山間部で栽培されている品種です。テルツァ・グランデやセミダナとも呼ばれています。ミディアムフルーティーで、刈り取ったばかりの青草とグリーンアーモンド、グリーンピーマンのような新鮮な青野菜、次にグリーントマトやセージやローズマリー、オレガノなどのハーブ、グリーンペッパーが感じられ、強く長く続く辛みとしっかりした苦みがあります。

ギリシャの原品種

コロネイキ〈Koroneiki〉

コロネイキは、ペロポネソス半島南部に位置するメッシニア地方原産のギリシャを代表する原品種の一つです。ギリシャで最も古い原品種です。この地域には、オリーブの産地として知られるカラマタ市があり、コロネイキの最高級のオリーブオイルが生産されています。

コロネイキから作られるオリーブオイルは、ポリフェノールが非常に豊富です。ミディアムからストロングフルーティーで、辛み、苦みのバランスがとれています。グリーントマトやグリーンアーモンドにジャスミンとバラの花の甘い香りが特徴的で、それにグリーンハーブが加わります。辛みはミディアムで、苦みはデリケートです。

カラマタのPDOは、メッシニア地方で栽培されるコロネイキとマストイディスのオリーブから得られるオリーブオイルにのみ与えられます。

マナキ〈Manaki〉

マナキは主にペロポネソス半島のアルゴリス地方で栽培されているギリシャの代表的な原品種の一つです。高地で育ち、成熟が遅く、収穫時期は一〇月末～一一月初旬までです。オリーブオイルは他の品種に比べて甘さが強く、ミディアムフルーティーで、レッドトマトやリンゴ、バナナ、ローズマリーやギリシャ特産のハーブを感じ、ほのかな苦みとしっかりした辛みがあります。

ツナティ〈Tsounati〉

ツナティまたはマストイディスは、ギリシャで二番目に古い原品種で、ミノア文明時代からクレタ島の丘陵地帯で栽培されています。生産されるオリーブオイルはポリフェノールを豊富に含んでいます。

ストロングフルーティーで、青草、アーティチョーク、グリーントマト、ローズマリー、ルッコラ、ナッツのアロマを感じさせ、強い辛みと強く深い苦みを持ちます。この苦みの要素と香りの違いがコロネイキとは全く異なる個性となっています。

コンセルヴォリア〈Conservolia〉

ギリシャのテーブルオリーブの八〇%を占める重要な原品種の一つです。大ぶりの楕円形で、未熟なうちは濃厚な深いグリーン、成熟するにつれて、グリーンがかったイエロー、グリーンがかったレッド、マホガニー色、そして最後はブルーがかったブラックと変化します。主にギリシャ北西部に位置するエピルス地方で栽培され、産地別に知られているヴォロス、アンフィッサ、アグリニオ、スタイリダ、アタランティなども同品種です。PDOコンセルヴォリア・アムフィサスは、エピルス地方で栽培され、この品種のみを使用したテーブル・オリーブが認証されます。

この品種を用いたエキストラバージン・オリーブオイルはミディアムフルーティーで、グリーンアーモンド、青草に続いてアーティチョークを感じ、しっかりした辛みとまろやかな苦みがあります。

コンドロイヤ〈Chondrolia〉

地中海沿岸で最も古い原品種の一つとされているコンドロイヤは、クレタ島の原品種です。樹高五〜一〇メートルと高く、二八％という非常に高い含油率の実を実らせます。コンドロイヤのオリーブは、枝の上で熟すと自然に水分が抜け、オレウロペイン〈オリーブの特徴的な苦みを生むポリフェノール〉が減少します。このためハイクオリティなオリーブオイル用には早い段階で収穫します。乾燥した年には実をつけないこともあり、水と土壌などの栄養素の有無に敏感です。このため生産量が限られています。

コンドロイヤのオイルはミディアムフルーティーで、摘み取ったばかりのフレッシュなハーブ、グリーントマトや新鮮な青野菜、グリーンアーモンド、そして青草の爽やかで豊かな香りが五感を目覚めさせてくれます。しっかりした辛みで苦みは強くありません。

キプロス島の原品種

ラドエリア〈Ladoelia〉

キプロス島の原品種ラドエリアは、イスラエルのスーリと同じ品種の仲間です。中程度の大きさの品種で、食用とオリーブオイルに使われます。隔年に実をつけます。キプロス島の乾燥した夏季の高温の土壌と気候条件に適応しており、頻繁に発生する干ばつ時の水ストレスにも強い品種です。

ミディアムフルーティーで、豊かなハーブやスパイスと共にグリーンオリーブ、グリーントマトを感じ、しっかりした辛みとマイルドな苦みが特徴です。

チュニジアの原品種

シェトゥイ〈Chetoui〉

チュニジアで栽培されている最も重要な品種の一つで、主に北部で栽培されている原品種です。北部全域では場所にもよりますが、九〇〜九五%の割合を占めています。

歩留率は高くありませんが、収穫は安定しています。寒さや潮風に強く、十分な水分が必要なため、年間平均降雨量が四〇〇ミリを下回ることのない、北部の海岸平野に適応しています。一般的な植物病害には強いとされています。

ハイクオリティなオイルに使われる品種であり、ミディアムからストロングフルーティーで、グリーンアーモンドや青草と共に青リンゴやレタスのほのかな甘さを感じ、その後にローズマリーなどハーブの複雑な香りが続きます。しっかりした辛みとマイルドな苦みを持つ深みのあるオイルです。

シェムラリ〈Chemlali〉

非常に古い起源を持つスファックス地域の原品種です。スファックスの「森」を構成していると言われています。この地域の年間平均降雨量はわずか二三〇ミリです。コルバからガベスまで、チュニジアの東海岸一帯で栽培されています。この品種は乾燥には強く、病気には弱いことが知られています。

チュニジア南西部、特にシディ・ブジッドとメクナシでハイクオリティなオリーブオイル用に栽培されています。またチュニジア中部、アイン・ジュルラ、ウエスラティア、スベイトラでも栽培されています。実は中程度の大きさで、コンパクトな大きさの枝ぶりのため、収穫は容易です。

トルコの原品種

ティリエ〈Tirilye〉

トルコで最も広く生産されている品種で、搾油の歩留率が二五〜三〇%に達する収益率の高いオリーブです。刈りたての草を思わせるグリーンな香りが広がり、次にプラムと新鮮なグリーンアーモンドやリンゴの香りが続きます。しっかりした辛みで苦みは強くありません。

アイバリック／別名エドレミド〈Ayvalık〉

収穫時期の実の色からピンクオリーブと呼ばれ、ミディアムフルーティーで、華やかで優しいグリーンに白く甘い花の香りやアプリコット、トロピカルフルーツのエレガントな香りが特徴です。ボトルを開けた瞬間に青リンゴや青いバナナ、グリーントマト、草のグリーンな香りが届きます。苦みはまろやかです。

メメチック〈Memecik〉

エーゲ海沿岸に生息するハーブの独特な香りを持つ品種です。ストロングフルーティーで、新鮮な青野菜、グリーンアーモンド、グリーントマトやクレソン、ルッコラ、ミント、柑橘系の香りが感じられ、辛みは強く。苦みはまろやかでエレガントです。

ドマット〈Domat〉

柔らかく繊細な甘い香りが特徴的な品種です。青リンゴやグリーンバナナ、完熟前のピーチやグリーンアーモンドの香りがするので、オリーブオイルが初めての方や、ソフトな香りが好きな人に最適です。辛みはミディアム、苦みは強くありません。

ウスル〈Uslu〉

最初にグリーンハーブの香りがします。その後刈りたての草の香り、グリーンアーモンド、プラムやフェンネルの香りが強く感じられる品種です。しっかりした辛みで苦みは強くありません。

ポルトガルの原品種

ガレガ〈Galega〉

ポルトガルの最も代表的な原品種で、栽培全体の約八〇％を占めています。テーブルオリーブにも向けられますが、中心はオリーブオイル用です。葉は細長く、熟成速度は中程度で沢山実をつけます。実も細長く大きくありません。しっかり枝について剥離しにくいため、機械を使う収穫には不向きです。この品種のエキストラバージン・オリーブオイルはデリケートで、青リンゴの香りが特徴的です。苦みや辛みもマイルドです。

コブランソーサ〈Cobransoça〉

もう一つの代表的な原品種にコブランソーサがあります。主に中部地域で栽培されています。実は大きく中程度の熟成速度で、比較的容易に枝から実を離せるため、機械を使用する収穫に適しています。この品種のエキストラバージン・オリーブオイルはストロングフルーティーで青野菜の香りが強く、辛みと苦みもしっかり感じられます。

フランスの原品種

リュック〈Lucques〉

フランスで最も栽培されている原品種で、寒さに弱い品種です。土壌特性や栽培方法、特に灌漑条件には非常に厳しいと言われています。生産性は平均的で、隔年に実をつけます。実は程よい大きさで、生産性は低く、オイルの生産に使われます。デリケートなフルーティさで、レタスや青リンゴの香りにマイルドな辛みとほのかな苦みが感じられます。

ピショリン〈Picholine〉

国外に最も多く苗木として輸出されている原品種です。中程度の大きさの細長い楕円形の果房を持ち、熟すとグリーンで、若干赤みを帯びます。ストロングフルーティーで、グリーントマトやグリーンフルーツから花や青草の香りが口中に広がります。ストロングな辛み、そしてしっかりした苦みもあります。

ダルマチア地方の原品種

ブーザ〈Buža〉

イストリア半島で最も多く栽培されている原品種です。ブルガカ、モルガカ、ドマカ、グーラなどの別名もあります。非常にハイクオリティなエキストラバージン・オリーブオイルが多く、青草やルッコラ、ハーブの香りに辛みが強く、マイルドな苦みを感じるストロングフルーティーなオイルです。

クルニカ〈Črnica〉

ダルマチア地方の最も古い原品種とされ、実のサイズは大きめです。受賞するハイクオリティなエキストラバージン・オリーブオイルになります。グリーンアーモンドにクルミやアーティチョークの香りが感じられ、辛みも苦みが強いのが特徴のストロングフルーティーなオイルです。

イスタリカ・ブジェリカ〈Istarska Bjelica〉

この地方の原品種の中で、最も低温に強い品種です。グリーンアーモンドやグリーントマト、青草からセージ、ローズマリーなどのハーブ、クルミやアーティチョークなど深い香りが広がり、辛みと苦みもストロングで、ハイクオリティなエキストラバージン・オリーブオイルになります。この品種から多くのコンペティションで受賞するオイルが生まれています。

ドロブニカ〈Drobnica〉

ドマカ、ノストラーナ・ロビンニェスカ、ビリカ、ズティカなどの別名を持ち、クロアチアの広い地域で栽培されています。青草やピーマン、セロリ、グリーントマトなど青野菜の香りで、辛みは強く、苦みはマイルドなミディアムフルーティーなオイルです。

イスラエルの原品種

スーリ〈Suri〉

イスラエルでは、主にガリラヤ地方の伝統的なオリーブ園で栽培されている主要品種です。レバノンのズールが原産とされていて、当初はZuri〈ズーリ〉と呼ばれていました。時が経つにつれて、その名前はSuri〈スーリ〉に変化しました。生産性は中程度で、オイルの香りや風味は豊かなバリエーションで、生育する土壌の種類や気象条件の違いがはっきりと強調されます。

この品種は主にオイル生産に使われていますが、テーブルオリーブとしても多く流通していいます。イスラエルでは毎年約二五〇〇トンのオリーブをテーブルオリーブにしています。スーリから作られたオイルは、苦みと辛みのバランスがとれた、青草や青野菜の香りが特徴的なストロングフルーティーです。

ネバリ〈Nebali〉

六日間戦争の後、シェケム〈ナバルス〉から持ち込まれた品種です。同じ品種の中でも耐性に優れた木を選別することが一般的ですが、種の選別をしていない数少ない品種です。主にヨルダン川西岸の村々でクオリティにこだわる少数の生産者が栽培しています。生産性は低く、気候による収穫の変動も激しいですが、丁寧に栽培されて搾油したオイルを味わうと、グリーンアーモンド、ルッコラとピーマンなどの青野菜、ミントなどのグリーンハーブ、ピンクグレープフルーツなどトロピカルフルーツにピンクペッパーの爽やかな辛みとマイルドな苦みを感じるミディアムフルーティーなオイルです。様々な異なる風味の集合体が見事に調和したユニークな品種です。

バルネア〈Barnea〉

バルネアは、長年オリーブの研究をリードしてきた農学士、ボルカニ研究所の故シモン・ラベー教授がシナイ半島のカデシュ・バルネアで見つけた品種をもとにネゲヴの乾燥した気候や塩分を含んだ土壌に適応するようにイスラエルで開発した品種です。これが「バルネア」の名前の由来となっています。世界中の国際コンペティションで高い評価を得ており、イスラエルの近代オリーブオイル産業の主力品種として各地に普及しています。交互生産が少なく、毎シーズンほぼ同じ収穫量を期待することが出来、オイルの含量も豊富なため農家から愛されています。高くて丈夫な木で、枝は細く、実が沢山つきます。実は中くらいの大きさで、やや湾曲しており、根元は広く、先端は細い形状です。グリーンの実はざらざらした感触です。成熟すると淡いイエローグリーン色になり、熟すとブラックになり表面は滑らかになります。木からの剥離が容易で機械的な収穫に適しています。根は湿った土壌に深く入り込み、暑い気候に適応しています。バルネアから作られるオイルは、栽培地域によって風味

アルゼンチンの原品種

アラウコ〈Arauco〉

スペインからアルゼンチンに導入されたオリーブの苗木を選抜して得られた品種です。チリの品種アサパ〈Azapa〉やペルーの品種クリオイヤは、元は同じ品種です。アルゼンチン最北部アイモガスタの暑く乾燥した環境を中心に栽培されています。

生産開始〈オリーブの木を植樹後、初めて収獲が出来るまでの期間〉は平均的で、花粉交配種としては、マンサニーリャ、アルベキーナ、ペンドリーノ、モルチアイオ、アスコラーナが報告されています。花粉の発芽能力が高いため生産性も高く、隔年に多くの実をつけます。寒さに弱く、病気にも敏感な一方、乾燥や塩分、石灰分の多い土壌には特に強いことが確認されています。

この原品種は、アルゼンチン北部のメンドーサのＩＧＰ〈産地呼称〉の認証を受けました。アルゼンチンで栽培されているオリーブの約七〇％はアルベキーナです。辛みより苦みが勝るほどストロングフルーティーで、アーティチョークやグリーンアーモンド、そしてグリーントマトの香りがします。

おわりに

この本を通じて、エキストラバージン・オリーブオイルが持つ無限の可能性を少しでもお伝え出来たなら幸いです。太陽の下で育まれたオリーブの実が、やがて食卓や生活に届くまでには、数えきれないほどの人々の手と自然の力が関わっています。その一滴には、歴史、文化、そして未来への希望が詰まっています。

エキストラバージン・オリーブオイルはただの食材ではありません。それは私達が自然と調和しながら生きることの大切さを教えてくれるシンボルでもあります。単なる知識の習得ではなく、自分自身と向き合い、持続可能な未来を築くための第一歩と言えるでしょう。また、エキストラバージン・オリーブオイルだけがもたらす香りや味わいの豊かさ、そして健康効果を共有することで、家族や友人との絆を深め、世界中の異なる文化や人々との架け橋となることも出来るのです。これからの毎日の生活の中で、エキストラバージン・オリーブオイルをもっと身近に感じ、自由に楽しむことで、新たな発見や喜びが生まれることでしょう。

本書が皆さんのエキストラバージン・オリーブオイルへの理解を深め、さらなる探究心を刺激するものであったなら、この上ない喜びです。どうか、この黄金のしずくがあなたの人生に豊かさと彩りをもたらしますように。そして、一滴一滴が、私達がより良い未来を築くための小さな一歩となることを願っています。

最後に、この本の執筆に関してご協力いただいた方々に感謝の意を込めてプロフィール一覧をご紹介します。

これまでも今後も私を指導して下さるオリエッタとマリーノに深く感謝します。また多大なるご協力を賜った濱崎シェフに心から御礼申し上げます。そして、共に生産者を訪ね、根気よく編集作業を続けて下さったクラシップの田口京子さんと田口悠大さん、本書のアイデアと英語のタイトルをつけていただいた三澤浩司さんに感謝を込めて。

マリーノ・ジョルジェッティ Marino Giorgetti

テラモ大学教授。ソル・ドーロの創設者でパネルリーダー。故マリオ・ソリナス教授と共に官能評価法を確立したオリーブオイル界の重鎮。アブルッツォ州政府とキエティ・ペスカーラ商工会議所のパネルグループを指揮。エキストラバージン・オリーブオイルに関する著書も多数発表。

オリエッタ・パヴァン Orietta Pavan

農学博士。ベネト州有機食品中央検査及び認証試験所（CCPB）局長。AIPO〈ベネト州オリーブ生産組合〉のパネルリーダーを務める。イタリア各地の有名生産者の生産指導を行う。ベネト州の生産者を始業からわずか3年で世界中のコンペティションでゴールドを受賞させたことで指導者としても一躍有名に。官能評価技術の指導者として講座にも多数登壇。

ジュゼッペ・ディ・レッチェ Giuseppe Di Lecce

化学分析と感覚科学の研究者。2009年ボローニャ大学で博士号を取得。オリーブオイルの抽出技術と官能評価の化学的特性評価に関する科学論文を40以上発表。現在はピエモンテの研究所所長とパネルリーダーを兼ねる。ニューヨークをはじめとし、世界各国の国際オリーブオイル・コンペティションで審査員を務める。

ミケーレ・パストーレ Michele Pastore

タラント出身。1963年からカラビニエーレに所属。1991年からNASのアレッサンドリア支部に所属。1996年ミラノ支部に移る。2006年オリーブオイル鑑定士の国家資格を取得後、オリーブオイルの摘発を中心に活動する。国際オリーブオイル・コンペティションの審査員も務める。

シモーネ・デ・ニコラ Simone De Nicola

ナポリ出身。イタリア共和国農林食糧政策省の ICQRF (農産物の品質保護と不正抑制のための中央検査局)検査官。オリーブオイルの摘発を中心に活動する。ソル・ドーロをはじめとし、数々の国際オリーブオイル・コンペティションで審査員を務める。

ニコランジェロ・マルシカーニ Nicolangelo Marsicani

イタリアで最も優秀な搾油所の3代目を継承する搾油技術者。オリーブオイルの生産者に栽培と搾油技術指導を行い、シレーナ・ドーロ・ディ・ソレント・コンクールの技術統括も務める。 国内外のオリーブオイル・コンペティションに審査員としても参加。自身でもオリーブオイルを生産し多数受賞。

リストランテ濵﨑

濵﨑龍一シェフ　**濵﨑弘瑶**シェフ

高尾農園

代表取締役 **高尾豊弘**さん　**高尾耕大**さん

山田美知世

Miciyo Yamada

京都生まれ、ミラノ在住。日本人初イタリア農林食糧政策省の国家試験取得オリーブオイル鑑定士（イタリア共和国農林食料政策省オリーブオイル鑑定士登録番号 MI.0023278）。日本人で唯一、世界8カ国最重要オリーブオイル・コンペティションで国際審査員を務める。イタリアに特化した月刊女性誌『amarena』（扶桑社・現在は休刊）の元編集長。

イタリア各地で開催されるオリーブオイルのパネルテスト（欠陥の有無や品質の鑑定と評価）に公式鑑定士として数多く参加。オリーブオイル生産者へ生産指導も行う。2022年イタリアで最も歴史あるオリーブオイル・コンペティション「エルコレ・オリヴァリオ」から、イタリアのハイクオリティ・エキストラバージンオイルを国外に広めた功績に対して「レキトス賞」を授与される。オリーブオイル以外にも、長年イタリアの食文化全般やファッション、インテリアに関する取材撮影や執筆活動などを行う。著書に『オリーブオイルと作り手たち』（KuLaScip）、『Arte di Sushi』『Libro di Sake』（GRIBAUDO）などがある。

エキストラバージン・オリーブオイルの講義

発行日　2025年3月10日　第1刷

著者　山田美知世
編集　田口京子・田口悠大
装幀　城所潤＋大谷浩介(JUN KIDOKORO DESIGN)
写真　有光こうじ(P316〜P333)
Massimiliano Bonatti
(P89、P95、P149、P209、P211、P212)
校正　株式会社鷗来堂
印刷・製本　株式会社シナノ

発行者　田口京子
発行所　株式会社KuLaScip(クラシップ)
〒154-0024 東京都世田谷区三軒茶屋1-6-4
https://kulascip.co.jp

本書に関するご意見・ご感想は株式会社KuLaScip(クラシップ)までお願いいたします。 Email : info@kulascip.co.jp

ISBN 978-4-911322-00-0

が異なります。例えば、ネゲヴで栽培されたバルネアのオイルは青リンゴやグリーンフルーツが香るミディアムフルーティーで、ゴラン高原の火山性土壌で栽培されたオイルは青野菜とセージやローズマリーなどのハーブを感じ、辛みと苦みの強いストロングフルーティーになります。オイルの収量は中~高で、十分な水分を必要とするため灌漑設備が必要ですが、適切な手入れと灌漑を行えば、オイルの含量が多くなり、オイルの抽出が容易になります。

アスカル〈Askal〉

二〇〇〇年代前半にシモン・ラベー教授とベニ・アビダン博士が農業研究機構で開発した特許品種です。長年ラベーと共に品種開発に取り組んだアブラハム・ハスカル〈Abraham Haskal〉にちなんで命名されました。マンサニーリャとバルネアの交配種です。実の形はバルネアに似ていて、オイル成分が非常に多くクオリティもよいことが特徴です。枝はしだれ柳のように垂れ下がっています。実は剥離性が高いため機械式収穫に適しています。オイルのクオリティは非常に高く、その風味は青野菜やミント、セージなどのハーブの芳香があり、マイルドな苦みとしっかりした辛みがあります。